シュレーディンガーの猫を正しく知れば　この宇宙はきみのもの　下

パート6　物理学界の巨星たちの「閃きの根源」

パート7　ローマ法王からシスター渡辺和子への書簡

パート8　可能性の悪魔が生み出す世界の「多様性」

パート9　世界は単一なるものの退屈しのぎの遊戯

パート10　全ては最小作用の法則（神の御心）のままに

パート6　物理学界の巨星たちの「閃きの根源」

保江　では、これから二重スリット実験について僕が閃いた方程式を用いた分析の話をします。
二重スリット実験を当たり前に説明できるものです。

みつろう　不思議なことではなくなるのですか。

保江　そうです。

みつろう　それもちょっと寂しいですね。

保江　当たり前になってつまらなくなって、アブストラクトエゴも消えます（笑）。でも、すごくよくわかりますよ。

昔、ド・ブロイが物質波、つまり電子は波だといって、ド素人なのに祭り上げられフランスの物理学界の大御所になって、ノーベル賞も取ったりすごいことになったでしょう。

その後、ボーアとかアインシュタイン、シュレーディンガー、ハイゼンベルク、ディラック、などなどみんながそれについていてわいわいやり出しました。

そうすると、ド・ブロイは元々貴族のおぼっちゃんで文系なので、ついていけないわけです。でも、本質を見抜ける人ではありました。

みつろう　数式はわからないけれども、本質はわかると。

保江　直感はある人なので、何かおかしいと感じたのです。特にその二重スリットの話はおかしいし、ましてやアブストラクトエゴなんていうのはもっとおかしいと。

それで彼が、本当に、物理学に観測とかそんなものを持ち出す必要があるのかといい出したのです。彼は、量子力学に代わるものを見つけたいと思いました。でも、本人が電子が波だといい出したのですから、今さら何をという感じでしょう。

でも彼は、自分の考えを公表したのです。

「自分が『電子は波ではないか』といった『波』というのは、みんなは普通の波だとしか受け取らなかったが、思い描いていたイメージはじつはこういうものだ」と発表したのです。

それが、パイロット波、パイロットウェーブ解釈です。

パイロットウェーブはド・ブロイがいい出したものですが、それを二番煎じにしたのがデヴィッド・ボーム（＊1917年〜1992年。理論物理学、哲学、神経心理学およびマンハッタン計画に大きな影響を及ぼしたアメリカの物理学者）です。

最初にド・ブロイが、電子みたいなものは波だ、物質波だといった意味は、電子はあくまで粒であり、電子の周りにパイロットウェーブという誘導する波があって、波に包まれた粒々の電子が誘導された方向に動くということだったのです。

デヴィッド・ボーム

それが、彼が本来持っていた物質波のイメージだったのですが、誰もその話に乗りませんでした。今さらそんな面倒なことをいってほしくなかったからです。

それでも唯一、飛びついたのがボームでした。ただボームは、当時プリンストン大学の教授だったのに、ユダヤ人でかつ共産主義者だと政府から見なされていました。

当時のアメリカは赤狩り（＊共産主義者及びその同調者に対する取り締まり運動）、レッドパージの嵐で、当然ボームも標的にされてアメリカにいられなくなって、地位を追われて結局、ロンドン大学に逃げていきました。

ボームと僕は、手紙のやり取りを1度だけしています。ボームはけっこう長生きだったからできたのです。

ド・ブロイとボームが主張していたパイロットウェーブというのは、数式が汚いので、アイデアとしてはいいのに嫌われていました。

パイロット波が満たす方程式は非線形（＊線形のような比例関係が成り立たないこと）で、シュレーディンガー方程式みたいに美しくはなく、解析的に、つまり手で計算をして解くことができないほどの難しい方程式だったからです。

その後、コンピューターがどんどん進化してプログラミングも進歩したから、数値計算ができるようになりました。そこで、ボームと弟子のハイレイが数値計算で、パイロットウェーブを計算しました。

みつろう　先に波が行って、電子が後からついていくかどうかという。

保江　後というか、同時ですね。二重スリットの片方が閉まっているときは片方ばかりに波が行くから、電子もパイロットウェーブに誘導されて片方ばかりに行く。

そして、両方開いているときのパイロットウェーブの方程式を解くと、計算上、二重スリットの向こうで谷と山がはっきりと筋になっていました。

つまり、電子がどっちを通ろうとも、まっすぐ進むわけではなく、山谷が作られているというのがパイロットウェーブ。パイロットウェーブを数値計算で表現したら、この二重スリット実験が一番スッキリわかるということでした。

それで僕としても、パイロットウェーブの解釈が一番正しいと思っていました。

僕は京都の大学院で細々とやっていたけれど、このままでは重箱の隅を突つくような研究しかさせてもらえそうもない。でも、ノーベル賞を取るようなすごい発見をしたいので、ド・ブロイのところに行きたいと思ったのです。

当時のアインシュタインとか、ハイゼンベルクとか、シュレーディンガーとか、そんな人たちが切磋琢磨していたような雰囲気の中で研究をしたいと。

みつろう　ド・ブロイはご存命だったのですね。

保江　当時の大御所でノーベル賞を取っている量子力学関係の人の中で、唯一存命だったのがド・

ブロイでした。貴族で裕福だから、長生きできたのでしょう。

それで僕は、フランス政府国費留学生試験を受けることにしました。

そのために、というか女の子目当てでもあったのですが（笑）、フランス語を学ぶために京大の近くの日仏学館に通うことにしました。僕以外の受講生全員が女子大生で、しかも教えてくれるフランス人の先生も、若いフランス女性で。

けれども、フランス政府国費留学生の試験は落ちてしまって、ド・ブロイのところに行けるあてがなくなってしまいました。

その後、京都大学の大学院から名古屋大学の大学院に編入することになるのですが、後ほど詳しくお話しします。


さて、大学院ではみんな博士号を取っても就職口がないオーバードクターばかりで、人生捨てたような先輩がたくさんいるわけです。その人たちは何をしているのかというと、外国の著名な物理学者の弟子で教授になっている人や有名な研究者などに手紙を送っていたのです。

当時はメールなんてありませんから、タイプライターを使って英語で、「自分はこういう研究をしていて学位も持っていて……」というワンパターンの手紙を毎日、10通とか20通作成しては航空便で送っていました。

みつろう　そんな時代なんですね。

保江　そんなことを見ていると、自分もやっておかないとまずいなと思い始めました。彼らは博士号を取ってからやっていましたが、何十通出しても一通も返事が来ないのです。だったら自分はもう、取る前にやっておこうと、先輩にフォーマットをもらってタイプを打って、３通出したら、そこでもう疲れてしまいました。

初日にもう飽きてしまって、こんなことをしても誰も返事をもらっていないし、馬鹿馬鹿しくなって止めたのです。その３通を出したことも忘れていました。

そうしたら何ヶ月か後、総長室に国際電報が届いて、それを事務長さんが僕のところに持ってきました。

それまでは国際電報は総長宛にしか来ることがなかったから自動的に総長室に届いていたのですが、よく見ると物理学、Physics、ドクター・クニオ・ヤスエと書いてある。物理の教授でこんな人間がいるのかと調べたらいない。

「誰だ、このクニオ・ヤスエは」と調べたら、大学院生にいた。

「これはお前か」と聞かれました。

みつろう　ちょっと怒っている感じだったのですか？

保江　そうなのです。

「お前はまだドクターを取っていない大学院生だろう。とにかく渡したぞ。前代未聞だ、こんなことは」といわれました。

すいませんとか謝りつつ受け取った電報を見たら、読めないのです。電報だから、最小限の文字数で簡略化して打ってくるでしょう。日本語でもそうでしたよね。そういう英語だから訳がわからないのです。

そうしたら先輩たちが集まってきて、「どうしたんだ」というので、間違って自分宛の国際電報が総長のところに行っちゃって怒られたというと、見せろといわれました。その中にいた英会話教室で英語を習っていた先輩が、それを読んでびっくりして、

「お前、この9月からジュネーブ大学に来いって書いてあるぞ」というのです。

でも僕にはまだ学位がなかったので、教授にその電報を見せにいき、拝み倒しました。

みつろう　9月までに学位を取りたいということですか。

保江　取らなきゃ、詐欺になってしまいますから。

みつろう　学位ってそうやって取るんですか。

保江　違いますよ、そんなの普通は無理です。最低、3年はかかるのに、僕はまだ1年も経っていなかったのですから。今でこそ早く出すことは可能ですが、当時は無理でした。

それで、僕の指導教授も湯川先生の弟子で、高林武彦（＊1919年〜1999年。日本の物理学者）先生とおっしゃる方でした。量子力学の有名な本も書いていて、じつは、ド・ブロイと日本人で唯一、共著論文がある人だったのです。

みつろう　すごい人ですね。

保江　ド・ブロイのパイロットウェーブ解釈について日本人で唯一理解できた人で、その先生が僕の指導教授になってくれて、もう退官されていた湯川先生にも会わせてくれたのです。高林先生は、僕の恩人です。

その高林先生に恐る恐る状況を説明すると、

「ジュネーブ大学か。あそこは湯川先生とノーベル賞を取り合ったストュッケルベルグ（＊エルンスト・ストュッケルベルグ。１９０５年〜１９８４年。スイスの物理学者）博士がいるところだ。他にも量子論の大家がいるところで、素晴らしいところに決まったね」と喜んでくれました。

「先生、学位があるって書いてしまいました。このままじゃ学歴詐称になります」というと、

「まだ３ヶ月あるから、論文は１ヶ月で仕上げろ。それから審査会を開いて合否が決まる。３ヶ月でやってやるよ」といってくれたのです。

それで、時間がないからとご自身で、何人もの教授のハンコを取りにいってくれました。あまり大学に出てこないことで有名な、仙人のような人でした。湯川先生が唯一、自分よりもすごいと認識していた人で、弟子というよりは共同研究者だったようです。

その方がそこまでしてくれたおかげで学位が取れて、スイスに行けたのです。

「これで、２年ほど後に博士号が出るというレールに乗ったから、もう持っているといっても大

丈夫」といっていただきました。

当時はまだ前倒しでの学位取得は無理だったので、僕の学位授与式には、すでにスイスに行っている僕の代わりに、父に行ってもらいました。

僕の当時の理解でも、二重スリット実験とか量子力学の干渉効果、それから観測問題についての一番見事な解釈は、ド・ブロイのパイロットウェーブに違いないと思っていたし、高林先生もそう感じていらっしゃいました。それで、ジュネーブに行ったわけです。

それなのに、その頃、ド・ブロイ先生は亡くなってしまったのです。

高林先生と保江邦夫博士

みつろう　会えない人に……。

保江　高林先生はド・ブロイと交流があったので、先生に紹介してもらえば僕も会えるはずだと楽しみにして行ったら、すでに亡くなられていた。
残念でしたが、パイロットウェーブを世の中に広めたボームがロンドン大学にいるとわかったので、ド・ブロイの代わりに、ボームに手紙を書いたのです。するとは、「機会があったらロンドンで議論しよう」という返事をもらいました。
僕が、「自分としては、ジュネーブ大学にいるよりも、本当はボーム先生のところでパイロットウェーブの研究を続けたい」ということも書いていたので、そんな返事をくれたのでしょう。
普通の大学は物理学科の中に理論物理があるのに、ジュネーブ大学では理論物理学科がありました。それで結局、ジュネーブ大学に4年間いて、エンツの助手にしてもらえました。そのエンツ教授のことは、スイスに行くまで全然知りませんでした。

みつろう　ド・ブロイに会いたかっただけですからね。

保江　そうなのです。だから手紙を書いたときには、採用してくれるなら誰でもよかったわけです。先輩からもらったアルファベット順の全世界の有名理論物理学者のリストの上のほうから手紙を出し始めたので、エンツはEnzで最初のほうにあったので出してみただけでした。
そうしたら返事が来てしまったので行ってみた、という程度ですから、エンツ先生がどんな人かも知らなかったわけです。

でも行ってみたら歓迎してくれて、しかも、フランス語をある程度勉強して行っていたので、「君はフランス語をしゃべれるのか」と喜んでくれました。そして、「まあとりあえずのんびりして、スイスは山もきれいだから観光するといいよ」とかいって完全にお客さん扱いで、最初の年は何の義務もありませんでした。

初日に、ウェルカムパーティーの代わりに、彼の研究室の講師、助教授と僕をチーズフォンデュの店に連れていってくれました。

ところが、僕はチーズが大嫌いで食べられない。やめてくれと思ったけれども、しかたがないのでパンだけでワインを飲みました。フランス語は日常会話程度しかできなかったため、学術会話は英語にしてくれました。

そして、前述したように、そのエンツ教授は、パウリが死んだときの助手でした。パウリは、ハイゼンベルクが行列力学を生み出したけれどもあまりに数学的に難しくて、水素原子のエネルギー準位を出す計算ができなかったのを、計算できたというスイスの天才物理学者です。

エンツ先生については、そのときはそれしかわかりませんでしたが、後々他の同僚から聞くと、悪口もいわれていましたね。

「パウリ大先生の助手をしていたから、亡くなった後に片付けた研究室で、パウリ先生の書きかけだった論文の原稿を全部集めて、自分の名前で公表して偉くなった」とかね。そういうやっかみも含めて、根拠があるのかわからないようなことをいわれていました。

確かに、そんなに頭の切れる人とは思えませんでしたが、エンツ先生は本当にパウリの最後の弟子だったから、パウリに関するあらゆるものを持っていました。

パウリはスイスの物理学者の中でも一番の人で、ノーベル賞を取った実績もあります。ジュネーブ郊外の大型の加速器がある CERN には、パウリルームという部屋まであるのです。それは、パウリが死んだときに研究室にあった書籍を全部移して、パウリの晩年の研究室を再現した場所です。

みつろう　記念館みたいな感じですね。

保江　パウリ記念室ですね。それが CERN の理論棟の中にあるのです。

パウリの最後の助手だったということから、エンツ教授がそこの管理人をしていて、エンツ教授じゃないと開けられませんでした。ですから、CERN で国際会議があるときにはエンツ教授が行って、そこを開けてみんなに見せるわけです。

あるとき、エンツ教授から誘われて、パウリルームに行ったことがあります。エンツ教授が何かを片付けている間に、室内をいろいろと見て回りました。すると、物理とか数学の本の中に仏教、密教、禅などの本があって興味が湧いて手に取っていると、エンツ教授が気づいて、

「クニオ、そんなものに興味があるのか」と聞くのです。

その頃の僕は普通の物理学者でしたから、実際、全然興味はありませんでしたが、それでも、

「禅とか密教とか、日本的な内容ですよね」というと、

「そうそう。パウリ先生は変なことも研究していた」というのです。僕が、

「知りませんでした」というと、

「一般の人は知らないだろうね。今度教えてあげよう」といわれて、その日はそれで終わりました。

後日、見せてもらったのが、前述したパウリとユングの直筆の原稿の青焼きだったのです。

ハイゼンベルクとパウリは、１９３０年に初めて電磁場の量子論、場の量子論という概念を作りました。

じつは光子というのは粒ではなくて波ですが、相互作用するときに、ある一定の大きさのエネルギーの整数倍しかやり取りができず、そこが粒子のように1個2個という数だと思えるだけで、実

態は量子論的に記述した電磁場の波だと最終的にわかったのです。

それからは場の量子論、つまり量子力学をさらに超えたものになりました。

今の物理学者は、スーパーストリング理論（＊素粒子を点ではなく振動・回転する弦と考えて、重力相互作用・強い相互作用・弱い相互作用・電磁相互作用を統一的な枠組みで表すことを目指す統一理論）にしろ場の量子論で記述しているので、観測問題にはあまり触れないことにしています。

それをハイゼンベルクと一緒に場の量子論を初めて出したその人、パウリが、その電磁場の量子論である場の量子論を使ってテレパシーを解明した。二人の人間の脳の間に、量子電磁場を介在する情報のやり取りがあるということを、数式混じりで書いている論文だったのですね。


そのうちに、だんだんとジュネーブ大学がすごいところだということがわかってきました。

それで、別にボーム先生のところに行かなくてもいいか、と思い始めました。そうしたら、面白い話がどんどん出てきたのです。

みつろう　観測者の意識が変わったら他も変わるということでしょうか。

保江　そうかもしれないですね。

3回もノーベル賞を逃したストュッケルベルグ博士とのスリリングな出逢い

保江　僕はだいたい、お昼近くの11時頃に大学に行っていました。

ある日、車を駐車場に置いて、大学の理論物理学科の建物の入り口まで歩いていたら、そこに1台のタクシーが乗りつけました。すぐに運転手がダーッと走ってきて、

「狂人を乗せてきてしまったけれど、ここの教授だといっている」というのです。そして、

「精神病院から乗せてきて、どう見ても狂人だが、ここの教授だといって何かわめいているから何とかしてくれ」といいます。

近づいてみると、老人がフランス語で騒いでいるので、

「どうなさいましたか？」とたずねると、僕のほうを見て、

「君はドクター・ユカワか」と聞くのです。それで、

「ノン」と答えると、

「じゃあ研究室に連れていけ」と。

僕が、「この人は本当に教授だろうか」と思いつつお名前を聞くと、

「ストュッケルベルグだ」と答えます。僕もその名前は知っていたので、

「これがあの偉大なストュッケルベルグ博士か」と思いました。

一般にはあまり知られていませんが、この方は過去に3回ノーベル賞を逃しています。本当はこの人のほうが早く出していた論文だったのに、他の人に取られてしまった……、運が悪かったのです。

最初に逃したときの相手が、湯川秀樹先生だったので、恨みがあるわけです。それで東洋人だと見ると「お前はドクター・ユカワか」とたずねて、そうだといおうものなら仕返しをしてきたことでしょう。

みつろう　3回もノーベル賞を逃すなんて、運のない方だったのですね。

保江　ストュッケルベルグ博士は若い頃、湯川先生の中間子理論よりも先に中間子理論の論文を書いていました。

ところが、彼の先生だったパウリが、提出されたその論文を、こんなものはつまらないといって引き出しに入れたまま世に出していなかったのです。

そうしたら半年後に湯川先生が、ストュッケルベルグ博士の論文よりもレベルが下がる内容で中間子理論を出してしまったのです。

2回目は、量子電磁力学のくり込み理論です。これについては朝永振一郎先生がノーベル賞を取りました。そのときも本当はストュッケルベルグ博士のほうが早くて、より完成度が高い論文を出していたのです。でもやはりパウリが、引き出しに入れてしまっていて世に出ていませんでした。

そして、3回目が超伝導、超流動理論。これでは、ロシアのランダウ（＊レフ・ランダウ。1908年〜1968年。ロシアの物理学者）という有名な物理学者がノーベル賞を取ったのですが、ストュッケルベルグ博士はやはりランダウよりももっと早く、より充実した論文を出していましたが、これも引き出しに入ったままになりました。

三つのノーベル賞を、パウリがダメにしたわけです。それでついに頭がおかしくなったのですね。

みつろう　2回目くらいで、「この人に師事するのはやめよう」とは思わなかったのでしょうか。

保江　当時、ノーベル賞を取っていたパウリの力は絶大だったのです。

ストュッケルベルグ博士も有名な学者ですごい天才、ジュネーブ大学の理論物理学科の主任教授であり、しかも貴族なのでスイスにお城を持っていて、大学の給料なんかいらないとまでいっていた人です。

そんな環境に恵まれていた人だったのに頭がおかしくなり、いろいろなことを妄想するようになってしまいました。

あるとき、奥さんがパーマ屋の男と浮気していると思い込んでしまったのです。

みつろう　それは妄想だったのですね。

保江　それによって、奥さんの浮気相手だと信じ込んだパーマ屋の若い理髪師を撃ち殺してしまいました。

みつろう　ええ？　殺人ですか。

保江　スイスは国民皆兵制で、全員の家に銃があります。ストュッケルベルグ博士は将軍くらいの地位だったこともあり拳銃を持っていて、それで撃ってしまったわけです。

当然、殺人犯です。でも、貴族でありスイス一、二の天才物理学者で、ジュネーブ大学の主任教授という人が、奥さんの浮気相手と誤解して男を撃ち殺したというのは、大変まずいわけです。

そこで、罪に問われないようにするために、頭がおかしくなって病気だったのだからと、精神病院に入れられることになりました。

みつろう　責任能力無しとしたのですね。

保江　それしかないでしょう。精神病院に入院するという条件で無罪になりました。
それなのに、ときたま大学に出てくるのです。

みつろう　大学に行くのはいいのですね。

保江　それは許されていました。その日も、精神病院からタクシーで大学に来たら、支払いのときに運転手ともめて、そこに僕がちょうど通りがかったわけです。
「ドクター・ユカワか」という質問に僕が「ノン」と否定したから生きながらえましたが、もしあいまいな返事だったり、「ユカワの弟子だ」といおうものなら、ひょっとして飛びかかられて殺されていたかもしれません。
僕はそのときは、この博士の殺人のことは知りませんでしたからね。危ないところでした。

みつろう　面白い大学ですね。話題に事かかない。

保江　それから、ジュネーブ大学の理論物理学科には教授が5人いました。1人目がストュッケルベルグ。2人目がエンツ。エンツ教授なんてストュッケルベルグ博士が来たときにはあごで使われていました。

みつろう　そんなにストュッケルベルグ先生のほうがすごいのですか。

保江　とても偉いですから。

彼はセミナーの間にも、エンツ教授のことをチャーリーと呼んでいました。チャールズ・エンツというお名前なので、チャーリーはあだ名のようなものですね。

「チャーリー、コーヒー持ってこい」とかいってこき使うのです。

その他に、ヤウホという量子力学、場の量子論、観測問題について有名な教授がいらしたのですが、僕が行ったときはお亡くなりになった直後くらいでした。

僕が同僚に「ヤウホ先生は？」と聞くと、「最近亡くなった」というので理由を尋ねると、あまり多くを語らないのです。「何かおかしいな」と思ってその同僚と飲みに行ったときに再度聞いてみると、大学の外だったしお酒も入っていたためか、詳しく話してくれました。

当時の理論物理学科に、H博士という教授がいたのですが、彼が教授になれたのはヤウホ先生のおかげだというのです。

単に、ヤウホ先生の弟子だったからかと思ったら、こんな逸話を語ってくれました。

ヤウホ先生は、理論物理学科の女子学生のアパートで腹上死したというのです。

みつろう　ええ？　本当にそういうことがあるのですね。

保江　そうなのです。女子大生が動転して、大学でたまたま授業を聞いていた講師に電話をしたのですが、それがH博士でした。ヤウホ先生は有名な方だから、警察などにすぐに電話するのがはばかられたようです。

H博士は慌ててアパートにやってきてヤウホ先生の死を確認しましたが、このまま警察を呼んだら偉大な名声が傷ついてしまうと思いました。

それで、密かに遺体を自分の車でヤウホ先生の家まで移送し、奥さんに状況を説明して、お怒りはごもっともだけれども抑えてくださいと説得しました。

そして、ご自宅で病死したかのように偽装して医者に連絡をし、事なきを得たのです。

みつろう　偽装ですか。それは法律違反にならないのですか。

保江　もちろん、スイスでも違反ですよ。

大学としても、ストュッケルベルグ先生が男を撃ち殺し、精神病院に送り込んで解決したところに、今度は別の教授が腹上死でしょう。たまったものではなかった。

それを、講師のH博士がマスコミにも警察にも知られないように見事に処置したというので、その功績で教授になれたというわけです。

みつろう　論文が認められたとかではないのですね。

保江　珍事が起きるところなのだなと思いましたね。

それから、学会に行っても、女子学生が出てくるのが当たり前でした。

みつろう　助手の立場とかですか。

保江　当時、特に、ヨーロッパやアメリカの大学、大学院で女子学生が学位を取るというのは至難の技でした。

そのためには、二通りの道しかないと、アメリカ人が臆面もなく教えてくれました。

それは、クラスの中で一番優秀な男と寝るか、教授と寝るかのどちらかだと。そのどちらかと寝た女子学生が、学会にまで参加させてもらっていたのです。

みつろう　物理学者はみんなぶっ飛んでいるのですね。

ジュネーブという場所も、CERN がありますし、素粒子物理学において相当すごい人たちが集まっていますね。

CERN はなぜ、ジュネーブに造ることになったのですか。地盤が硬いとか、単純に研究者が集めやすかったとか。

保江　まず、電力供給が安定していて大量に使えることです。

みつろう　原発何基分もの電力が必要ですものね。

じつは僕は、沖縄電力で10年間働いていたので。どうにか沖縄にＩＬＣ（＊地下のトンネルに設置される大規模な素粒子衝突実験装置）を誘致できないかと考えていたのです。電気を大量に必要とするのだろうから、沖縄電力のビジネスになればと。

それで自分で設計図を引いてみたら、名護から糸満までの距離で何とかなるとわかりました。

沖縄は米軍基地があるから、原発を置けません。全国の電力会社で沖縄電力だけが原発を持っていないのです。

保江　よかったですね。

みつろう　本当によかったです。日本でコンセントから取る電気が原発につながっていないのは、沖縄県だけです。他は日本全国どこでもつながっています。

沖縄の電気はクリーンですよ、高いけれど。

これはすごいことだと思います。先進国で、原発なしで生きているというのは。

保江　だから、まだユタの人たちが元気に生きているのかな。

みつろう　でも、原子力発電はなくても、原子力兵器、つまり核兵器は絶対にあります。
核密約があったのは、最近ばれてきているとおりです。持ち込ませないとか作らないなんていうのは建前で、原子力兵器は日本にもあるのです。

電力会社にいたときに、大口契約担当になったことがあります。一番大口の顧客で、どう見てもおかしな場所に恐ろしいほどの電力を使っているところが北部にありました。こんなメガワット数の電力を使うのは何なんだという。

おそらく、核を冷やしたりとか、何らかの怪しいことをやっているとしか考えられなかったです。

リチャード・ファインマン、湯川秀樹博士たちの閃きの根源

保江　さて、話を戻しますが、僕がジュネーブ大学にいた頃は、ド・ブロイとボームのパイロットウェーブの解釈が最適だと思っていました。

みつろう　今でも先生は、そう解釈していらっしゃるのですか。

保江　いいえ、今では僕の考えのほうがよいと思っています。高慢ないい方で恐縮ですが、じつはもう彼らを超えました。

日本を離れた当時は、やはり量子力学の解釈はパイロットウェーブが一番しっくりくると思っていたのでド・ブロイの研究室に行きたかったのですが、フランス政府国費留学生試験に落ちて、ひょんなことからジュネーブ大学に行き、その後にド・ブロイに会いにいこうと思ったときにはもう亡くなられていた。それですぐにボームに手紙を書きましたが、「そのうちおいでよ」という程度の反応だったので、少しがっかりしていたのです。

そうしたら意外にも、ジュネーブ大学にすごい先生方がいて、しかも生き様がとんでもなく人間的で面白い。

だったらしばらくここにいてもいいかと思い直して、主に量子力学の新しい解釈の研究を始めました。パイロットウェーブもいいけれどもすでに世に出ているので、何か新しくて、もっとすごいものはないかと考えたのです。

じつは、パイロットウェーブの解釈の一番の難点は、先述したように出てくる方程式が複雑すぎて汚いことです。

それに比べると、シュレーディンガー方程式とかディラック方程式は美しく、計算も楽です。

みつろう　科学者も数学者も、式が汚いことを嫌がるのですね。

保江　美しさが一番大切ですから。

みつろう　パイロットウェーブの方程式が汚いということは、E＝mc2乗の感動の美しさの正反対かのように、単純に長いということでしょうか。

保江　それだけではありません。汚いという意味は、非線形であるということです。これは専門用語になってしまいますが、つまりは解けない方程式なのです。

シュレーディンガー方程式は、例えば自由電子の場合はサインコサインで簡単に解けます。ところがパイロットウェーブの方程式は、自由電子の場合ですら少々複雑で、ましてや相互作用がある場合はもっと大変なのです。

手計算で答えを出せないくらい複雑です。

みつろう　パソコンを使わないといけないのですか。

保江　数値計算が必要になります。

ところが、シュレーディンガー方程式は、線形の方程式といいますが、方程式の性質がいいから、簡単な条件であれば、数値計算なしで頭の中で計算しても答えが出せます。そういうメリットがあるのです。

みつろう　そちらのほうが本質に近い感じがします。

保江　見た目も美しい方程式です。それで、僕もその見た目の部分を乗り越えたいと思いました。

アイデアとしては、電子を導くパイロットウェーブです。先導する何かがあって、電子は先導されながらどちらかのスリットを通り、先導するものは両方を通る。かつ、方程式の形が美しいというのが目標です。

少しずつ考え始めていたちょうどその頃に、アメリカからリチャード・ファインマン（＊1918年～1988年。アメリカ出身の物理学者）という偉大な物理学者がスイスに遊びにきました。

ファインマン先生というのは、朝永振一郎先生と一緒にノーベル賞を受賞したアメリカの理論物理学者で、奇想天外な理論を展開する人です。そこが、僕は好きなのです。

ディラックとかハイゼンベルクとかシュレーディンガーは、いかにも切れる天才物理学者ですが、ファインマンは面白くて、ワクワクさせてくれる先生です。

リチャード・ファインマン

みつろう　理論がワクワクするのですか。

保江　理論の立て方がすごいのです。彼は、人と同じ考え方をするのが大嫌いでした。

みつろう　そして、方程式の見た目も美しい。

保江　かっこいいわけです。有名人なので、僕もファインマン先生の本は読んでいました。

僕が尊敬するのはディラック、シュレーディンガー、そしてファインマン。フォン・ノイマンはちょっと異常でしたから、別格です。

当時ディラックは生きていて、シュレーディンガーとフォン・ノイマンは亡くなっていました。そして、ファインマンは生きていて、ジュネーブ郊外になぜか半年に1回来ているという情報を聞きました。

みつろう　まだＬＨＣ（＊International Linear Collider　国際リニアコライダー。CERN に建設された世界最高エネルギーの陽子・陽子衝突型加速器）もない頃の話ですね。

保江　そうです。それで、ファインマンは物理学とは無関係に、アメリカの大手会社の派遣で何かをしに来ているようだが、はっきりとはわからないという話まで入ってきました。

僕には、ジュネーブ大学で教え子が二人いました。僕は表向きはドクターとして助手をしていましたから、大学院生を教えるのが仕事だったのです。

1年目は好きにやらせてもらって、2年目からは教える義務ができたので、二人を僕が教えたわけです。幸い彼らは、変人ですが優秀でした。一人は今、ジュネーブ大学の物理の教授で、もう一人はポルトガルのリスボン大学の教授です。

みつろう　すごい方々ですね。

保江　僕より偉くなっています（笑）。そのうちの一人、ジュネーブ大学の教授になったニコラ・ジザンの知り合いが、レマン湖畔のお屋敷にファインマンを呼んだのです。

ニコラがある日、興奮して大学にやってきて、「今度ファインマンに会えるんだ」というので理由を聞くと、彼を呼んだ知り合いが今回、自分も呼んでくれたので、一緒に食事ができるといいます。

僕がみんなと一緒に「なんて羨ましい」と騒いでいると、「今回は無理だけれど、半年後にまた呼ぶから、そのときにはあなたも来られるように頼んでおきます」といってくれました。

僕はとてもうれしくなり、半年後を心待ちにしていたのですが、その数ヶ月後に、ファインマン先生は亡くなってしまったのです。

みつろう　それは残念ですね。

保江　僕はそういうのばかりですよ。もう少しのところで会えない。

結局、ファインマン先生には会えませんでしたが、先生のことはすごく勉強していました。

みつろう　ファインマン先生の本を、とてもよく読んでいらしたのですよね。

保江　僕は彼の生き方が大好きでした。人と同じ考え方は一切せず、独自の考えを編み出すのです。それがどんなにとんちんかんなものでも、人と違えばいい。

ハイゼンベルクは行列力学、シュレーディンガーが波動力学、それを統合してディラックが量子力学にしました。ファインマンはそれが面白くないと大学院生のときにいい出して、自分も何か新しい行列力学、波動力学ではない量子力学の書き方、やり方を発明したいと思ったのです。

普通はそれが夢で終わるのですが、彼は本当にすごい人でした。普通の人たちはコツコツ研究室で研究をしますが、ファインマン先生はストリップ劇場で研究するのです。

みつろう　ええ？　ストリップ劇場で裸体を見ながら研究するのですか。

保江　裸体を見ているうちに閃いたら、テーブルの上にあった紙ナプキンとかコースターに書いていたそうです。

なぜならそれが、一番頭と体がリラックスして、閃きが起こりやすいからです。

みつろう　物理学者にはそういう人が多いのでしょうか。

保江　そうですね。

みつろう　南部陽一郎先生と同時にノーベル賞を受賞した小林誠（＊1944年〜。日本の理論物理学者）先生は、「まさか南部先生と一緒に受賞できるなんて」というほど南部先生を崇めていました。

その南部先生は常に枕元にメモ帳を置き、夢で見た内容を書きとめていたそうです。

ですから、どちらかというとノストラダムス的というか、夢で受けたものを形にするというタイプだったようですね。

保江　それは元々、湯川先生の教えです。

湯川先生が中間子理論を閃いたのは、じつは夢の中で中間子理論の方程式を見ていたときに、たまたま雷が落ちたことでふっと目が覚めて、枕元の紙に書きとめたのです。

ただ、鉛筆で普通の紙に書くと紙が破れやすいので、結婚式の招待状とか、硬い紙ばかりを溜めて束にしていました。それなら、紙を宙に浮かせたままでも書けますから。

みつろう　湯川先生がされていたのですね。

保江　その中間子理論で、ノーベル賞を受賞されたわけです。

湯川先生から学んで、南部先生も同じようにしていたのでしょう。だから湯川先生の門下の人は、多くが枕元に紙を置いていて、面白い夢を見たら書いていたわけです。

みつろう　南部先生は、湯川先生の直接の弟子ではありませんよね。

保江　南部先生は東大ですから直接の弟子ではありませんが、湯川先生は南部先生のすごさを見抜いて、大阪市立大学の先生になるように手配しました。

湯川先生は当時ノーベル賞を受賞されて、場の量子論、量子力学について唯一理解していました。

みつろう　世界で唯一ですか。

保江　日本で唯一です。日本は世界に比べて遅れていましたから。

湯川先生は、京都大学、大阪大学の無給副手をなさっていましたが、受賞したことで京都大学の教授に返り咲いて、弟子も大勢できて、京都学派を作りました。

一方、東大には、残念ながら量子論に長けた教授はいませんでした。

そこで、前述しましたが、東大が湯川先生に頭を下げて、素粒子論や場の量子論がわかる教授を手配してくれるよう頼んだところ、湯川先生は、若手で一番芽が出そうな梅澤博臣先生を推薦しました。


東大で梅澤先生の下で育ったのが南部陽一郎先生です。梅澤先生は南部先生のことをとても優秀だと評価していて、湯川先生もそれを認めていました。

当時の物理学会の中で、素粒子論とか量子論の分野では湯川先生がトップで、南部先生はそこに院生の頃から出入りして優秀さを際立たせていました。

ですから直接の門下ではありませんが、かなり強いつながりがあります。南部先生にもおそらく、湯川先生の教えが伝わっていたのでしょう。

みつろう　ストリップ劇場でメモをしているファインマン先生も、すごいですね。

保江　日本でも海外でも、大学院生の頃からストリップ劇場で閃きを得ようとしていた人なんかそういないでしょう。

僕は、そういう考え方と生き様が気に入ったのです。

他人と絶対に同じことをしたくないという思いから、行列力学はハイゼンベルクが、波動力学はシュレーディンガーがやって、その両者を量子力学として統一したのがディラックだったので、自分は同じことはやらないと決めたわけです。

でも、素粒子論とか場の量子論とかの量子論を突き詰めていくには、同じようなことであっても、「自分の道具」を使ってできなくてはいけない。他人と同じものは決して使いたくない。

彼はその一心だけで、新しい道具を探し始めるのです。

みつろう　探究心がすごいですね。

天文学者も使っていた、ハミルトン‐ヤコビの運動方程式

保江　ハイゼンベルクが行列力学を考案したときに参考にした、ハミルトン形式という古典力学の

フォーミュレーションというか、書き方があります。ハミルトン（＊ウィリアム・ローワン・ハミルトン。１８０５年～１８６５年。アイルランドの数学者、物理学者、天文学者）というのは昔の数学者です。

ニュートンの運動法則を使う古典力学では、粒子の位置、速度、加速度からＦ＝ｍａというニュートンの運動方程式で表されます。質量×加速度は与えられた力に等しいというものです。

みつろう　動かしにくさというのが質量で、それに加速を加えるとそのものの運動量になる、というものでしたか。

保江　運動量ではなくて力です。

ウィリアム・ローワン・ハミルトン

みつろう　Ｆはフォースですね。

保江　普通はこのニュートンの運動方程式を元に、加速度を計算するわけです。大砲の弾の飛び方などがわかります。

みつろう　動かしにくさと加速度と力。いかに初速で押せるかということですね。

保江　この質量×加速度＝力というニュートンの運動方程式を使えば、古典力学の問題は全部わかるわけです。

みつろう　それでこの世界のことが全部わかるはずだったのですね。

保江　量子力学さえ出てこなければそれでよかったのですが、一方で、数学者にとっては式が美しくないという問題がありました。

みつろう　Ｆ＝ｍａという式はとても美しいと思いますが。

保江　物理学者には簡単できれいに見えるのですが、数学者には美しくなかったのです。

そこで、ハミルトンが、

「あまりに美しくない。だいたい加速度を持ち出しているのがよろしくない」といい出しました。

粒子の速度、粒子の位置は必要ですが、加速度なんて醜いしわかりにくいというのです。

そこで彼は、それを運動量と位置だけで記述しました。運動量というのは速度×質量です。そうやってF＝ｍａというニュートンの運動方程式をやめて、ハミルトンの運動方程式というものを出したのです。

位置の時間変化は運動量で、運動量の時間変化は力で書けるという、2種類の連立方程式です。数学者は、こちらのほうがきれいだと思ったわけですね。

今まで1本の方程式だったのが2本になった点は少し複雑になったといえますが、対称性がありました。つまり、位置Xと運動量Pのどちらを入れ替えても、この方程式はそんなに変わらなかったのです。

この、運動量と位置の時間変化を記述する古典力学の方程式、ハミルトンの運動方程式がありました。

ハイゼンベルクが行列力学を考案するにあたって、黒海のエルゴランド島の朝焼けを見たときに、太陽光線からいろいろなヒントをもらって、掛け算の順番を変えたら解が変わるという発想を得たのは、電子、つまり量子の位置と運動量についてでした。

ニュートンのやり方は加速度と力、一方、ハミルトンの運動方程式は位置と運動量で、それぞれについての変化がこうなるということがきちんと式になっていました。

自分が閃いた新しい量子についての方程式では、運動量と位置について取り上げるわけですから、それなら参考にするべきはニュートンの運動方程式ではなくてハミルトンの運動方程式だとなったのです。

そして、ハミルトンの運動方程式から出発して、量子、例えば電子のようなものについての位置の時間変化、運動量の時間変化についての2本の連立方程式を、ハイゼンベルクが見つけたわけです。

他方、シュレーディンガーは波動方程式、固有値方程式を閃いたのですが、そもそも彼女とクリスマスにいちゃいちゃしているときに降りてきたので、理屈がありませんでした。

そこで仕方がないから、論文に書くときに理屈を編み出して、太鼓の固有振動みたいなことになんとかこじつけたのですが、その段階で参考にした古典力学の書き方は、ハミルトン-ヤコビの運動方程式でした。

これは説明するのが少々やっかいで、簡単にいうとハミルトンとヤコビ（＊カール・グスタフ・ヤコブ・ヤコビ。1804年~1851年。ドイツの数学者）という二人の数学者が見つけた方程式です。

例えば、ニュートンの運動方程式は、動く粒子の質量がこれだけで、加速度がこうなって、そのときの力はF＝ｍａの等式を満たすとします。

ハミルトンの運動方程式は、粒子の位置の時間変化はこう記述され、運動量の時間変化はこう記述されるというものです。

それが、ハミルトン‐ヤコビの運動方程式では、いちいち粒子を問題にしません。粒子の運動量を与える場というか波があって、それをアイコナールといいます。

そして、ある空間でその粒子が運動するとき、ここに来たときにはこの運動量を持っていなくてはいけないと教える場があり、それに沿って粒子がその運動量を得ながら変化していく、という考え方です。

シュレーディンガー方程式は、彼女といるときに直感で閃いただけで理屈がないから、電子とか粒子の運動を記述するような説明はできません。

当時、古典物理学の中で、粒子の運動量を予め空間の場のほうに決めさせることができていたのは、唯一、ハミルトン‐ヤコビの運動方程式だけでした。

カール・グスタフ・ヤコブ・ヤコビ

みつろう　こじ付けのために、ハミルトン‐ヤコビの運動方程式を見つけてきたわけですね。

保江　そうです。というのは、ハミルトンの運動方程式もニュートンの運動方程式も、場とか波とは無関係で、運動量がこうなる、位置がこうなるということしか説明できません。

そこには、広がった空間にこんなものがあるという概念すらないわけです。

みつろう　波動派にとっては困りものですね。

保江　同じ古典力学の中で粒子の変化を記述するときに、ハミルトン - ヤコビの運動方程式はなぜか最初から、粒子が運動するのには予め場があって、粒子が来たらこの運動量を与えろというものでした。

これは、パイロットウェーブに近いでしょう。

みつろう　そうですね。場自体が持つ誘導ですよね。

保江　そういう形の古典力学の書き方を、ハミルトンとヤコビがすでに出していたわけです。

みつろう　ずいぶんと前のことですよね。

保江　古典力学ですからね。しかも、それはかなり広く認められていました。

当時は、天体力学、天文学の分野で、ニュートンの運動方程式でもハミルトンの運動方程式でも解けないときに使われていました。

ハミルトン - ヤコビの運動方程式を使えば、近似を上げていくと、天文学の実用にかなうくらい、どんどん解けるのです。ですからほとんどの天文学者は、ハミルトン - ヤコビの運動方程式を使っていました。

みつろう　ニュートンの方程式はどうですか。

保江　ニュートンなんて、じつはほとんど使えません。

そして、シュレーディンガーが閃いたシュレーディンガー方程式も、空間のいろいろな場所に波動関数という波があるので、ハミルトン - ヤコビの運動方程式に馴染みます。

ということでシュレーディンガーはこの古典力学のハミルトン - ヤコビの運動方程式から出発し

て、シュレーディンガー方程式を導く方法を3日間で見つけ、それを第一論文にしてノーベル賞を取ったのです。

それで、アメリカのファインマンは、すでにハイゼンベルクが使ったハミルトンの運動方程式、行列は使いたくなかった。また、波動力学のプサイのシュレーディンガー方程式、及びそれの元になった古典力学のハミルトン-ヤコビの運動方程式も使いたくなかったわけです。ニュートンの運動方程式とハミルトンの運動方程式、ハミルトン-ヤコビの運動方程式は、どれも同じことを主張しているのですが、書き方が違います。

そこで自分は何を使おうかと考えたとき、第4の書き方が古典力学にあったのです。

それは、最小作用の法則です。

みつろう　最小の方向に作用するという意味合いのものですね。最小作用の原理と同じですか。

保江　原理ともいいますね。

みつろう　原理は定理よりも強いから、もう間違いないものということですよね。

保江　物理学者はあまり原理という言葉を使いたがらないので、法則といいます。

みつろう　原理というと、強くなるからですか。

保江　強すぎるのです。

例えば、ある物質を投げると、ある状況では必ず放物線を描いて落ちていきます。ニュートンの運動方程式を使うと、最終地点が計算できます。ハミルトンの運動方程式を使っても同じです。ハミルトン - ヤコビの運動方程式を使うと、すでにこの空間に用意されているものに従ってその物質が動くからこうなると説明できるのです。

ただ、出発してから落ちるまでに、物質が移動する経路はいっぱいある。それなのに、その中でなぜ一つの経路だけが実現するのかと考えたのが、モーペルテュイ（＊ピエール・ルイ・モーペルテュイ。１６９８年~１７５９年。フランスの数学者、著述家）というパリの修道士です。

みつろう　古典力学ですね。

モーペルテュイの最小作用の法則は、神様の存在証明にもなった

保江　古典力学の初期、ニュートンが運動方程式を出した頃に、モーペルテュイは、ニュートンの運動方程式に従えば確かに予測どおりになるけれども、たくさんある可能性の中からなぜニュートンの運動方程式に従うような経路だけが、この世界で実現するのかと考えたのです。

そして、モーペルテュイは閃きます。修道士だった彼は、「神様がそう命じているからだ」と思いついたわけです。

つまり、いろいろな可能性があるにも関わらず、「神様が常に全てについて采配してくださっている」と考え始め、それを神様の存在証明にも使いました。修道士として、神様やそのお力の存在を示したいということもあったのでしょうね。

ただ、神様という単語を出した途端に……。

みつろう　科学者としてはダメですよね。

保江　そう。そこで、彼はいい換えました。

みつろう　自我とか、サムシンググレートのようないい方でしょうか。

保江　いいえ。とても賢いことに、「最小作用の法則」と表したのです。

実現されるこの経路は、他のどの経路に比べても、一番何かを最小にする、つまりエコにする経路となっている。

その背後でそれを選ばせているのが、神様だと暗にいっているのです。でも、論文には神様という言葉を出さなくていい。

だから、作用という物理量を最小にし、同時にニュートンの運動方程式を満たし、ハミルトンの運動方程式を満たし、ハミルトン - ヤコビの運動方程式が記述するような経路にもなっているのです。

全て、作用という物理量を最小にするというひとくくりの条件を満たす、唯一の経路として決められています。

みつろう　この世界で起こる物理的な現象は、全ての可能性の中で一番エネルギーを使わずにすむかたちになっているということですか。

保江　エネルギーではなく、作用です。

みつろう　作用というのはどういうものですか。

保江　作用というのは、神様の働きです。エネルギーではありません。残念ながら、エネルギーは最小にはなっておらず、作用というものが最小になっている。では、物理学における作用という物理量の定義はというと、物体が運動しているエネルギーから、それが持つ位置エネルギーを引いたもののことです。

エネルギーとは運動エネルギープラス位置エネルギー。動いているときの1/2ｍｖ2、速さの2乗に質量をかけて半分にしたものが運動エネルギーという、物体が持つエネルギーです。だから、低い所にいても速く飛んでいればエネルギーは大きいし、高い所にいてもゆっくり飛んでいればそんなにエネルギーはありません。

作用というのは、この1/2ｍｖ2という運動エネルギーと位置エネルギーの差なのです。

みつろう　作用は、運動エネルギーマイナス位置エネルギーで導かれる。

保江　これを作用というと、モーペルテュイが決めました。

みつろう　モーペルテュイだけで決めたのですか。

保江　そうです。なぜなら、量が最小になるように動いているということを見つけたのが彼でしたから。

おそらく彼は、最初はエネルギーを最小にすると考えたはずですが、エネルギーは最小になっていなかった。そこで、最小になっている物理量は何かと思って調べたら、運動エネルギーマイナス位置エネルギーだった。

みつろう　この世で起こるどんな事象も、運動エネルギーから位置エネルギーを引いた差分だと。

保江　ただし、それだけでは正確ではありません。差分を最初から最後まで足し合わせたものでなくてはならないのです。

みつろう　積分するわけですね。

保江　それが作用で、それを全部足し合わせていったものが最小になるということです。

みつろう　それ以外のことは、この世界では起こらないのですね。

そしてそれは、神様が起こしてくださっているのだと。

保江　ところがそれは、言葉にするとややこしいのです。ニュートンは運動方程式に従って動いていき、ハミルトンもハミルトン - ヤコビもそれぞれの方程式に従って用意されています。

一方、モーペルテュイの最小作用の法則は、とにかく作用と呼ばれるよくわからないこの物理量が最小になるように神様が動かしてくれているという、この考え方はすっきりしていますね。

「作用というのは運動エネルギーマイナス位置エネルギーを最初から最後まで積分、足し合わせたもの」と言葉でいうと面倒ですが、それを最小にするという条件を数学で書くと、非常に美しい方程式になる。

それを数学の一つの学問とすることで、変分学が生まれました。だから最小作用の原理は、変分原理ともいいます。

これはじつは、古典力学を大きく発展させるものになりました。

みつろう　先進的だったのですね。

保江　本質的だったともいえます。というのは、当時はちょうど古典力学が花咲いて、まだ量子力学とか量子論とかは出てきていませんでしたから。

みつろう　３００年前に、すでに本質を突いていたと。

保江　古典力学の範囲ですら、奇抜なアイデアでしたけれども。

作用という概念が出てきましたが、いつも運動エネルギーマイナス位置エネルギーというのもめんどくさいでしょう。

そこで、後にイタリアの数学者でラグランジュ（＊ジョゼフ・ルイ・ラグランジュ。１７３６年～１８１３年。サルデーニャ王国のトリノ生まれの数学者、物理学者、天文学者）という人が、変分学という特殊な数学を編み出したので、この運動エネルギーマイナス位置エネルギーのことを彼

ジョゼフ・ルイ・
ラグランジュ

の名前を冠してラグランジュ関数、あるいはラグランジアンと呼ぶようになりました。

そのラグランジアンを積分したもの、足し合わせたものが作用で、それが最小になるように、そして、この宇宙の全ての物事がそうして決まるように、神様がなさっている。

みつろう　御心(みこころ)でですね。

保江　そうです。じつはこの考え方は現代まで続いていて、今でも一番使われているのがミサイルの制御についてです。

燃料が最小になるようにとか、到達までの時間を最小にするようにとか、全てに最適制御理論というものがあるのです。最適に機械を制御するという理論は全部これですから、ずいぶんと発展したものです。

その後の産業革命で機械がどんどん使われるようになって、乗り物も進化し、自動運転もできるようになったときに、唯一使えたのが、この最小作用原理に基づく制御方法でした。

最初から最後まで積分したラグランジアンの作用について、制御理論をやっている人はコスト関数といいます。「コストがかかる」というときに使うコストと同じで、コストを抑えたいときの応用にとても役立ちました。

みつろう　実社会で、一番役に立つのではないですか。

保江　そうですね。例えば、ニュートンの運動方程式なんてほとんど役に立っていません。悲しいかな、高校で教えるくらいなもので、実社会ではこのラグランジュ力学、最小作用の法則が一番役立っています。

他の古典力学では先ほど述べたように、天文学、天体力学などの宇宙のことを解明するにはハミルトン-ヤコビの運動方程式が最も役に立っています。

それで、量子力学が出てきたときに、ハイゼンベルクはハミルトンの運動方程式を使い、シュレーディンガーはハミルトン-ヤコビの運動方程式を使いましたが、人と違うことがしたいファインマンは、大学院生のときに、だったら自分が使えるのはニュートンかラグランジュの最小作用の法則しかないと考えたのです。

最小作用の法則というのは、この経路とこの経路を比べるとどちらが選ばれるかというように、経路で説明しています。でも、それでは、量子についてはよくわからないという意見が出ました。
当時は、干渉などがあるので経路というものはないのではないかとも考えられていました。
経路というのは、観測されたときに初めてあると認識されていたから、経路という概念は出さないほうがいいとされたのです。

みつろう　経路というと、普通は見ながら追っていけるような「道」のことですが、量子力学では違うのですか。

保江　そこはブラックボックスにしますから。

みつろう　なるほど。

保江　ファインマンは馬鹿にされると思って、経路をあからさまに出すことはできませんでした。
でも、ラグランジアンというような作用については出したかったのです。

ファインマン先生はストリップ劇場で閃いた!

保江　そこにちょうど、イギリス人のさほど有名ではない物理学者がアメリカにやってきて、ファインマンがいつも閃きを得る、ストリップ劇場に飲みにきました。

舞台の休憩時間にファインマンが座っていたカウンターの隣にそのイギリス人がやってきて、「君は何をしているの」と聞いてきたので、

「物理の大学院生です」と答えました。

「どんなことを研究しているの?」と尋ねられ、

「今まで誰も思いついていないようなやり方で、量子力学を記述したいと思っています」と返事をしました。そして、

「本当は最小作用の法則もやりたいけれども、経路を出したらいけないとなっているのでできません。でも、ラグランジアンか作用かのどちらかを使えるような、量子力学の新しいフォーミュレーションを模索しているのです。定式化できるような書き方を探しています」といいました。

するとイギリス人学者が、

「確かディラックが、『量子力学のある初期状態から最後に観測したときの終期状態に遷移する遷移確率は、指数関数の肩の上にラグランジアンの積分を乗せた形に似ている』と、どこかの論文

に書いていた」と教えてくれました。

みつろう　その人も詳しいですね。

保江　それを聞いてファインマンは、

「ディラック先生ともあろうお人が、似ているというくらいでは何の意味もないじゃないですか。初期条件がこうで、ボルン近似をして最終的な遷移確率を量子力学が記述するということの形が、指数関数の肩の上にラグランジアンの積分を乗せた形に似ているとしても、それが何の役に立つんですか」といいました。

するとその学者は、きっとディラック先生はもっと奥深いことをおっしゃりたかったのではないかといったので、ファインマンは、その場で紙ナプキンを使って計算し始めました。

もし、指数関数の上にラグランジアンの積分が乗ったとしたら一体どうなるのか？

その結果、なんと、初期状態から観測した終期状態になる遷移確率を表す量子力学の、難しいシュレーディンガーの波動方程式で解いたのではなかなか計算ができない数式、方程式を出してしまったのです。しかも、ボルン近似を使わずに。

みつろう　すごいですね。本気を出したシュレーディンガーでも解けなくて、ボルンが近似でやるしかないといって逃げた部分ですね。

保江　ファインマンもそれを解いてはいません。けれども、指数関数の上にラグランジアンの積分を入れて、どんどん式変形をしていったら、解く前のシュレーディンガーが出していた複雑怪奇な方程式の形に至ったのです。

みつろう　これなら、スリットを通した第一波から第二波までも全部計算できますね。

保江　全部できました。実際に計算をして答えを出したわけではありませんが。

みつろう　ボルンは第一波までだけで、回り込んだ次の波はできませんでしたね。

保江　シュレーディンガーが解けなくて困っていた、その数式が出てきたのです。

みつろう　計算ができるかどうかはわからないけれども数式は出た、と。

保江　ところが、その数式を引っ張り出した元はどこも近似していませんでした。元は指数関数の上に作用、ラグランジアンを積分したもので、つまり逆に見れば解けていたわけです。

紙ナプキンで計算して至った複雑怪奇な式表現は、じつはすでにシュレーディンガー方程式の波の変形によって出していたものでした。

ただし、これから先は、式変形ができなくて解けなかったので、ボルンが近似をして何とかこじつけていたわけです。

その近似をする前の、複雑怪奇な式が出てきたのです。指数関数の肩の上に、ラグランジアンの積分を乗せたものからね。ということは、その指数関数の上にラグランジアの積分、つまり作用を乗せたものが答えだったわけですね。

これについては、ファインマンではなくディラックがすでに論文を出していました。

みつろう　ファインマンがその経過の式を見つけたけれども、ディラックが答えをすでに見つけていたということですか。

保江　いいえ。ここが重要なところです。
ファインマンは、「ディラック先生の論文の中に、初期状態と終期状態をつなぐ部分、ボルンの一次近似とかボルン近似とかで普通は書かれる部分が、指数関数の上にラグランジアンの積分を乗せた形に似ていると書いた論文がある」とイギリス人の無名の物理学者に聞いて、その場で計算し始めました。
最初は単に指数関数の上にラグランジアンの積分を書いて、コツコツ展開していって、最後にものすごく複雑な式が出てきた。そして、これがシュレーディンガーが近似無しでやったときの無茶苦茶な式と同じだと気づいたのです。

シュレーディンガーはこの無茶苦茶な式から先をうまく計算できなかったけれど、それが逆方向から出てきた。この式展開を逆に辿っていったら、その指数関数の上に戻ったので、これが答えでしょうということになったのです。

みつろう　シュレーディンガーが解けなかったものを逆側に戻っていくと、結局は運動エネルギーマイナス位置エネルギーを積分したものになった、ということなのですね。

保江　指数関数の肩に乗せるだけではなく、それをあらゆる可能性の上で足し合わせるという式でした。

みつろう　シュレーディンガーが解けなかった、とても複雑な第二波のようなものまでを、逆側から展開していったら答えが出たのですね。

保江　ディラック先生及びそのイギリス人物理学者のおかげで、答えを先に得ることができました。

みつろう　一番すごいのはファインマンですね。

保江　もちろん、そうですよ。

みつろう　シュレーディンガーも逆から出発していれば、可能性があったということですか。

保江　シュレーディンガー方程式から出発して、最後に、指数関数の上にラグランジアンの積分を乗せて、あらゆる可能性の経路について足し合わせるというところまで辿るのはまず無理です。今はそれがわかったからできますけれど。

みつろう　わかったら、「なーんだ」となる。

保江　コロンブスの卵と同じです。

当時は、経路などという発想はありませんでした。量子力学は初期状態と終期状態をつなぐ可能性だけ計算できる道具で、その計算部分は行列力学、波動力学、そしてそれを合わせた量子力学でいいのです。

でもファインマンは自分だけの方法が欲しくて、ついにそれを見つけました。

それがどういうものかを説明しましょう。

ファインマンが経験に基づいてわかったのは、近似ではない遷移確率を与えるということでした。正確に初期状態から終期状態に遷移する確率を量子力学で与えるもの、それを確率振幅と呼びます。その確率振幅を与える計算方法が、行列力学や波動力学だったのですが、それらは難しくてほとんどの場合に当てはまりませんでした。

そこで彼は、この確率振幅を計算できる自己流の方法を編み出しました。途中のブラックボックスにしていたところを全部考慮したのです。

つまり、現象として起こりうる全ての可能性について指数関数の上に、経路に沿ってのラグランジアンの積分、作用をまず付けます。それらを全部足し合わせたものが、近似無しの答えだということを見つけたのです。連続無限個です。

みつろう　連続無限個を足し合わさなくてはいけないと気づいたわけですね。

保江　ただ、いうのは簡単ですが、足し合わせる必要があるので、実際問題としては解けてはいません。でも、数式としては出せました。

それは無限の可能性の足し合わせ、つまり積分で、これを彼は経路積分と名付けます。

全ての可能な経路について、指数関数の上のラグランジアンの積分の値を足し合わせます。

ところがその経路積分というのは、実際に計算することは至難の技なのです。

みつろう　至難というよりできないですよね。無限個を足すことはできませんから。

保江　ただ、式としては出せたことによって、ファインマンはノーベル賞を受賞しました。これをファインマンの経路積分といいます。

このように、ハイゼンベルクの行列力学、シュレーディンガーの波動力学の次に、ついにファインマンの経路積分が量子力学のフォーミュレーションに加わりました。この経路積分は全ての可能な経路の足し算、つまり連続無限の積分の必要があるので、計算はまず無理です。

ところが、スリット実験だったら経路が二つだけなので、足し合わせるのはそんなに難しいことではありません。

そういうわけで、スリット実験をファインマンの経路積分で記述すると、すっきりするのです。

みつろう　その二つのスリットを通り抜けた電子がどこで発見されるかの確率が、全部当てられるということですか。

保江　そうです。だから二つのスリットを通るどちらかの経路について、指数関数の上にラグランジアンの積分の値を乗せたものを足し合わせる。それの絶対値の2乗を取ると、ある場所に電子が来る確率が100%出ます。

そうして、あの縞模様のパターンが再現できたのです。

みつろう　二重スリットにおいては、現在、電子を撃ったらどこで発見されるかは１００％わかるのですね。

保江　いいえ、そうではありません。

スクリーンのある地点に来るときに、右のスリットを通ったときには、指数関数の上にその経路沿いのラグランジアンを積分した値をかけておいて、左のスリットを通ったときには、下の経路に沿ってのラグランジアンの積分の値を指数関数の上に乗せてそれを足し合わせます。

それの絶対値の２乗を計算すると、そこに来る確率が出ます。次の地点に来る確率も、やはりそのようにして出します。

スリット実験という特殊な場合については、２個の足し合わせだけでそれぞれの確率が出て、それがちゃんと縞模様になっているというのがファインマンの経路積分です。

途中でスリットのどちらかを通ったと観測されたら、そこで経路が切れるわけです。そうなったらその経路はもう考慮しません。そうすると干渉は起きません。

みつろう　観測してしまったら干渉跡にはならないのですね。

保江　経路積分の経路というのは、実在の経路ではなく、可能性の経路です。

可能性の経路を全部チェックして、その全てに、指数関数の上にその経路に沿う作用、つまりラグランジアンの積分の値を乗せておくのです。

みつろう　二重スリットの場合は、それで出るという数式まではわかったのですね。

保江　ファインマンの経路積分による説明が、二重スリット実験には最も簡単に応用できたわけです。

ただし、あくまで遷移確率を計算するだけですから、本当にその経路を電子が通っていったかどうかまではわかりません。単に遷移確率の計算方法にすぎないのです。

ブラックボックスとして今までやっていたのを行列力学や波動力学で計算するのは、どちらも複雑で難しいのです。

経路積分のファインマンのやり方は同じく難しいのですが、形がすっきりしています。それに、考え方もなかなか斬新で面白いということで、一躍有名になったわけです。

でも実際に、近似なしで計算するのはどれも難しいのです。

みつろう　結局、計算式まではできても、計算はできないのですか。

保江　計算はできませんが、理論としての整合性があるのです。

みつろう　ここで初めて、合理性が取れたということなのですね。

保江　そうです。

みつろう　わかりました。初期と最後の観測結果をつなぐ式はできたけれども、結局いまだ誰も解けないのですね。無限個の足し算が必要になるから。

保江　さらに問題は、その経路積分という概念に数学者が文句をいい出したことです。数学的に不可能どころか定義ができないと。

それは事実です。ファインマンはあくまで物理学者ですから、連続無限個ある経路についての足し算と軽くいったのですが、実際、その経路積分は存在しないことが証明されています。数学的に厳しくいうと、ないのです。そこが弱かった。

形も考え方も綺麗であり、近似を入れたら、つまり連続的な経路をやめてジグザグだけだったら計算できて、数学的にもきちんと整合性はありますが、連続的に変化する経路については、経路積分は存在しないということを数学が示していました。

だから、形式的なやり方になってしまったのです。

でも、物理学としてはそれでいいのです。数学的な整合性は、必ずしも必要ありません。

だから、ファインマンはノーベル賞も受賞しました。

パート7　ローマ法王からシスター渡辺和子への書簡

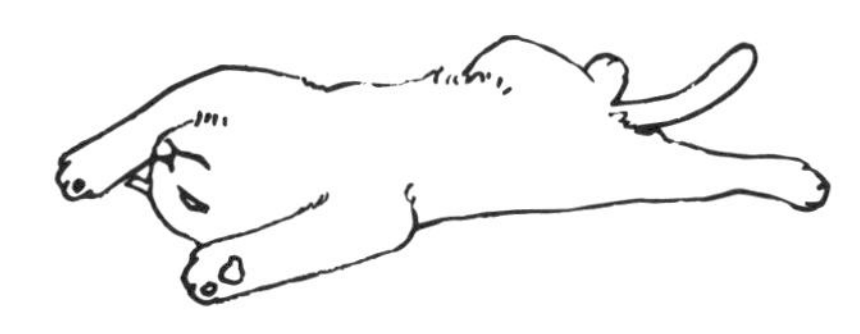

保江　このように、僕の前にはハイゼンベルクの行列力学、シュレーディンガーの波動力学、ファインマンの経路積分、この三つの異なるブラックボックスの記述がすでにあったわけです。

みつろう　ブラックボックスの中を計算する方法は三つあった。そしてディラックは行列力学と波動力学をつないだのですよね。

保江　つなぐことはできましたが、ディラックが新たに考えたものではありません。

みつろう　計算式としては三つの方法が出てきたけれども、数値では結局わからないのですね。

保江　そうです。

　さて、僕がジュネーブに行って、ファインマンにぜひ会いたいと思ったときには亡くなっていたでしょう。僕としてはファインマン先生に憧れていたし、僕自身も何か新しい量子力学のブラックボックスの扱い方、道具が欲しかったのです。すでにある三つの方法とは違う、自分だけの道具がね。

みつろう　古典力学で残されているのは、ニュートン力学だけですよね。

保江　そうです。でも、それではあまりにつまらない。

そんなときに、ニュートン力学の方程式を使って、量子力学のブラックボックスの部分を計算した人が出ました。

それが、プリンストン大学のエドワード・ネルソン（＊1932年〜2014年。アメリカの数学者）という人です。

じつはそれよりも前に、ドイツ人の物理学者がチラッと、ニュートンの運動方程式から出発して量子力学の枠組みを記述できるようにするという話をしていました。

でもその人は、ごく初等的な段階までしかできておらず、それをきちんと数学的にやったのがネルソン教授だったのです。「やられた」と思いましたね。

エドワード・ネルソン

みつろう　そうなると、使える道具四つの中で、もう残っているものがないですね。

保江　それでネルソンの方程式を見ていたのですが、確かに美しく、かつ、じつはド・ブロイとボームのパイロットウェーブの考えに一番近いものでした。

どういうものかというと、電子は粒子で、粒の形で動き、何かに誘導されているという考えです。パイロットウェーブとはいわないのです。場所によって行きやすいとか、行きにくいといったことがあり、電子である粒子はふらふら動くと。

その誘導しているものに関しては、様々な方程式の可能性がありますが、誘導するときに、運動量ではなくて速度で引っ張っていく、速度を制御して持っていくというやり方があって、その速度に関して速度の場があるのです。

ハミルトン - ヤコビの運動方程式みたいに運動量を与える場があるのと同じように、速度の場があると考えて、その速度の場を使ってそこから加速度を計算して、加速度に電子、量子の質量をかけたものが力である。

例えばこの場合力は0だから、0になるように誘導する速度の場があるわけです。

誘導する速度はベクトル、向きを持っていて、その向きが、例えば天気図の気圧配置の気圧の高い所から低い所に向かって等高線に垂直に風が吹いていくという気圧図のような分布をした関数があるとしたら、その等高線に最も垂直になる方向にその速度場が決まっている。

そんな気圧の等高線があるとしたら、ネルソンは、その関数を指数関数の上に乗せるという計算をしたわけです。そうしたらそれが、波動関数になったのです。

みつろう　また同じところに戻ったのですか。

保江　そうです。つまり波動関数プサイになって、それが満たされる方程式は、ニュートンの運動方程式から計算していくと、シュレーディンガー方程式になったのです。こうしてみんなつながったわけです。

だから僕は、「ネルソン先生にやられた。もう自分の出る幕はない」と思いました。古典力学のラグランジアン、つまり作用も使われ、ハミルトン-ヤコビの運動方程式も使われ、ハミルトンの運動方程式も使われ、ついにニュートンの運動方程式、と四つとも使われてしまったわけですから。

みつろう　先生が何歳くらいのときですか？

保江　25でスイスに行ってから、……26歳くらいのときのことですね。当然、もうやる気がなくなりました。

みつろう　でもお話を聞いていて、このレースに先生が絡んでいたのはすごいことですよ。「自分が見つけてやる」と思っていた人は、先生以外にもいたのですか。

保江　大勢いましたね。

みつろう　「ブラックボックスを説明してやるぞ」と。でも使えるツールは四つしかなくて、全部使われてしまった。

保江　そうです。それで「終わった」と思って、もうやっていられないよとなったのですが、気分転換をしました。

みつろう　ストリップですか（笑）。

保江　僕の場合は車を買いました。それまではスイスに渡ってすぐに買った、ダットサン（ニッサン）の、昔はあったチェリーという前輪駆動の小さい乗用車に乗っていました。そのほかに、ポルシェの９１４、ツーシーターも持っていました。

みつろう　ポルシェを買ったのですか。かなりお高いでしょう。

保江　中古です。まあ高かったけれど、ジュネーブ大学の助手の給料はとてもよかったのです。

みつろう　学歴詐称寸前だったのに、えらくラッキーでしたね。

保江　そうです（笑）。当時、日本の大学の助手の初任給が、10万円くらいでした。その時代に僕は、47万円もらっていたのです。

みつろう　5倍ですね。今なら、例えば年収600万円の人が3000万円もらっていた。

保江　だから舞い上がってしまってね。最初はダットサンチェリーの中古を買って、次に中古のポルシェを買って、それでも飽き足らず、今度はランチア・フルビアクーペも中古で買いました。

モンテカルロラリーで優勝した三人乗りのクーペで、1300ccしかないのに時速200キロも出せる車です。これを買って、ポルシェは手放しました。

みつろう　スイスは給料が高いけれども、物価もとても高いですよね。生活は大変ではなかったのですか。

保江　物価が高いといっても、食べ物の値段などは知れていますから。

ランチアを買って、本当に200キロ出るのかなと思って試してみたのですが、スイスの高速道路の制限速度は130キロだから、せいぜい160キロ出すのが限度です。山国だから、高速道路にもそんなに直線のところがないこともありました。

そうこうしていると、北ドイツのジーゲン工科大学の先生が、クリスマスシーズンに講演に来いと呼んでくれました。一週間滞在することになって、彼から共同研究で何かやろうといわれたのでOKしました。ちょうどやけになっていたし、何か新しいことでも研究するかと思ったのです。

そこで、買ったばかりのランチアに乗って、ジュネーブから出かけてバーゼルで国境を越えてドイツに入ったら、片道6車線のアウトバーンが始まった。速度無制限の道路です。

「やったー。行くぞ！」とグワッとアクセルを踏むと、スピードメーターがどんどん上がっていき、だんだん激しく揺れ出して、風切り音もすごいし、エンジン音もキーンといい始めました。

そして、190キロくらいになったときに、急に振動もエンジン音もなくなり、景色がスーッと流れるだけになりました。

「何だこれは？　もしかして自分は激突して死んだのかもしれない」と思っていたら、突然額の裏に式が出てきました。

「頭がおかしくなった。もう限界だな」と思った途端、ガガガガと音がし始めたので、このままでは運転はできないとスピードダウンしました。

今日はここらで休もうと、高速道路を出たらちょうど村がありました。名前がヴァインハイム、ワインの家という意味です。

「いい名前だな。ワインでも飲むしかない」と思いつつ村の中心部に行くと、教会の前にホテルがあったのでそこに車を横付けして中に入りました。部屋に空きがあったので荷物を置き、1階の食堂でとんかつを注文してビールを飲みました。

みつろう　ドイツにも、とんかつがあったのですね。日本のとんかつと同じですか。

保江　ドイツ語でシュニッツェルという、とても分厚いとんかつで、美味しいですよ。

みつろう　とんかつというのは日本料理かと思っていました。やはりパン粉がまぶされたものを揚げるのですか。

保江　カツレツはフランス語由来です。カトレットが日本ではカツレツになり、それに豚をつけてとんかつになったのですね。

みつろう　フランスでは、牛を揚げているようなイメージがあります。

保江　豚と牛と両方あります。ただ、ドイツでは豚のほうがポピュラーです、シュニッツェルといったらとんかつ、豚のカツです。ウィンナーシュニッツェルは、仔牛の肉を叩いて薄くしたものを揚げる、ウィーン風の牛かつです。

みつろう　パン粉はついていますか。

保江　もちろんついています。でもドイツでは分厚いまま調理するので、中まで火を通すためにじっくりと揚げてあり、とても熱いから舌をやけどするのです。

みつろう　本当にとんかつと同じですね。

保江　そうです。美味しく食べ終わって、部屋に戻ってシャワーを浴びたら、疲れもあってベッドにバタンと寝ころがりました。

そこで、「そういえばアウトバーンで額のところに張り付いた方程式があったな」と思い出したのです。おもむろに起き上がってホテルの便箋を出して、「何だろう、この方程式は。見たことがない」と、思い出しながら書いてみました。

世界の物理学界に知られる、「保江方程式」誕生！

保江　物理学の方程式というのは数字ではなく、Lとかdとかxとか、記号でできています。物理学においては、例えば運動量はp、座標位置はx、加速度はa、速度はvとか、決まった記号があるのです。

その方程式はそういう記号だったから、「このxは位置、これは時間……、これは微分だな」とかいいながら置き換えてみて、「普通の数学の計算ルールに従って、ちょっと変形してみよう」とやってみました。

するとまず出てきたのが、プリンストン大学のネルソン教授がその頃に見つけた、ニュートンの運動方程式を拡張した方程式でした。ということは、彼と同じように変形したらシュレーディンガー方程式が出るだろうと思って、ずっとやっていったら本当に出てきました。

だったら、僕が閃いた方程式は何だろうと、もう1回じっくり見てみました。

そこで、「あっ」と思い出したのです。

古典力学においては、ハミルトンの運動方程式、ニュートンの運動方程式、ハミルトン-ヤコビの運動方程式、それからラグランジアンを積分した作用を使った最小作用の法則があります。ところが、ファインマンは最小作用の法則は説明できませんでした。全ての作用を指数関数の上に乗せてそれを足し合わせたもの、それが遷移確率を与えるといっただけです。

ですから、いまだ量子力学においては、最小作用の法則は成り立たないといわれ続けていました。

古典力学においては、応用から何から、全て最小作用の法則で神様がそのようにしてくださっているという考えでした。アインシュタインの相対性理論もそうなのです。作用というものを最小にすることで全部が出てきます。

ところが量子力学だけ、例えばファインマンは作用とかラグランジアンは使いながらも、作用が最小になるように電子が飛んでいるとはいえなかったのです。

そういうミクロの世界以外の、日常的な古典力学が扱う範囲とか、一般相対性理論が宇宙全体を扱う範囲は、全部最小作用の法則で記述できていました。

でも量子の世界、ミクロの世界だけが最小作用の法則がなくて、みんな諦めていたのです。けれども、僕の額の裏に出てきたこの方程式は、ラグランジュ方程式、つまりラグランジアンの積分である作用は最小になるという、その方程式に似ていました。

モーペルテュイが最初に最小作用の原理をいい始めて、それをラグランジュがもっと整備して、運動エネルギーマイナス位置エネルギーをラグランジュ関数と呼び、その積分である作用を最小にするという条件になるといいました。

そのラグランジアン、つまりラグランジュ関数の積分を作用として、その作用を最小にする条件に関して成り立つ方程式を、ラグランジュ方程式といいます。

僕の方程式には、もっと拡張した、少しだけ余分なものが付いていました。でも、その余分なものが付いていたおかげで、量子力学の波動方程式、シュレーディンガー方程式が出てきたのです。

それを見たときに、「ひょっとすると僕の額の裏に出てきていた方程式は、量子力学において唯一、最小作用の法則を主張したら出てくるものではないだろうか」と思ったのです。

そこで、すぐにその場でまた計算し始めたところ、ドンピシャでした。つまり、電子がある条件下に飛んでいるときにこの経路になるのは、作用というものを最小にしたからだとついに導けたのです。

古典力学では、それが説明されていました。一方、ミクロの世界、量子力学の世界では、電子が飛んでいってある地点に来ることについては、最小作用の法則はないと思われていました。

それが、僕が見つけた方程式を元に計算してみたら、電子が初期状態から終期状態まで行く、この間はブラックボックスでも何でもかまいませんが、その間に電子が動いてどんな経路に行くにせよ、その経路は作用を最小にする経路だということが示されたのです。

みつろう　その計算式が出るまでは、量子力学の世界においては最小作用の法則は通用しないと思われていたわけですね。日常生活ではありだったけれど、ミクロの世界においてはないと。

保江　日常生活どころか、宇宙のレベルでもあるといわれていたのですよ。

みつろう　原子を見たときだけは最小作用の法則は働かないと思われていたのが、これで転換したわけですね。

保江　原子の世界である量子力学の世界でも、そのプランク定数を0に持っていった極限で、僕が見つけたその最小作用の法則は、自動的に古典力学の最小作用の法則に移行すると、そこまで示されたのです。

みつろう　マクロとミクロをつないだわけですね。

保江　これで宇宙スケール、日常スケール、ミクロスケールの全域で最小作用の法則が成り立っているということがついに証明されました。

みつろう　保江先生は、それを初めて証明した人です。

保江　そうです。

みつろう　神の御心が全てに通じているということを。

保江　ミクロにまでも神の御心があるのだと。
ドイツのヴァインハイムの村でそれを見つけて、感動して、もう興奮で眠れませんでした。
「やった、ついに見つけた」と。

みつろう　ノーベル賞ものですよ。方程式を見つけた全員が受賞していますよね。

保江　そうなのですよ。だからもう興奮して眠れないので、また服を着て1階に降りて、まだオープンしていたバーに行きました。
ホテルの支配人に、「こんな時間にどうしたんですか」と聞かれて、「ちょっと眠れなくなった」と答えて、彼を相手に方程式のことを論じても仕方がないので、白ワインをいただくことにしました。せっかくワインの家に来ているのに、ビールしか飲んでいませんでしたから。
そのワインが美酒で、実にうまい酒を楽しんで、ほろ酔いになって寝ました。

そして、次の日の朝、目覚めて再び式をチェックしたのです。前の夜は、何かの間違いだったのではないかと思って。

みつろう　夢や幻という可能性がありますからね。

保江　ところが、どうみても間違いではない。

そうなると、ジーゲン工科大学まで行く時間がもったいなくなってきました。それよりも、一刻も早くこれを論文にして学会に送るべきだと。

でも約束していましたから、仕方がないので半日かけてジーゲンに向かい、午後3時頃到着しました。

僕のセミナーは夕方から用意されていて、そこでは別の話をする予定だったのですが、閃いた方程式をもう1回チェックして、ジーゲン大学の物理学教室にいた方々に聞いてもらったのです。

みつろう　物理をわかっていらっしゃる人たちですよね。

保江　もちろんです。ですから、彼らに一度聞いてもらって論評をもらったほうがよいと思ったのです。

「前日にふと気づいたことがあったので、セミナーの話題をそれにしてもいいか」と教授に尋ねたところ、「もちろんいいよ」という返事だったので、1時間半くらいかけて全部話しました。

もちろん、「車で飛ばしているときにたまたま閃いて……」とはいわずに、「考察の結果」といってね。

シュレーディンガーが、彼女と寝ているときに閃いたといえなかったのと同じです（笑）。

ランチアとジーゲン工科大学前で

そこにいたのは、教授、助教授、講師、大学院で博士を取ったような院生だけでした。その彼らが、最後に僕が「以上」といった途端、足を踏み鳴らすのです。スイスでは通常、そんなことはせず普通に拍手をします。

だから僕はてっきり、「こんなアホなことをいって、みんなを怒らせてしまった」と思いました。

ところが、僕を呼んでくれたエティムという教授が近づいてきて、

「いや、やっぱり君はすごいよ。みんな喜んでいる」というのです。

ドイツでは、一番の賞賛は足を鳴らすことで表すのだということが、このときにわかりました。

みつろう　スタンディングオベーションのようなものですね。

保江　そうなのです。

その日の夜、教授たちの行きつけのレストランに行くと、ワインとかビールを飲みながら最大限に盛り上がっていました。

「これはすごい、大発見だよ」とみんなで褒めてくれたのです。

みつろう「ノーベル賞を取れるよ」とか。

保江　まずは、「早く論文を出したほうがいいよ」と。

みつろう　盗まれる危険性がありますものね。

保江「少なくとも俺たちはもう聞いちゃったぞ」といわれました。

みつろう　全員ライバルじゃないですか。

保江　そうなのです。それで飲み終わってからエティム教授に、「本当は、一週間のクリスマス休暇をここに滞在して共同研究をする予定でしたが、一刻も早く論文を出したいから、明日ジュネーブに帰っていいですか」と聞くと、

「ぜひそうしなさい」といわれました。

みつろう　いい人でよかったですね。

保江　そして、一週間の滞在分の謝礼をくれました。

「大学当局に返すのが面倒だから、とっておきなさい」といって。

それをもらってまた車を飛ばして、今度は途中で一泊することもなく、ルンルンでジュネーブまで帰りました。

それから、一週間かけて論文を作ったのです。当時はメールもパソコンもないから、論文は英語でタイプライターで打ち、数式はタイプライターにはない文字があるので手書きです。数式の入るところは空白にして、タイピングするのです。

そうやって途中、書き込みをしながら論文を作って二つ出しました。アメリカ数学会とアメリカ物理学会の両方に、航空便で出したわけです。
そうすると、査読をしてもらえるのですね。

みつろう 査読というのは、論文を教授たちがチェックすることですね。

保江 そうです。専門の学者たちが、読んで正しいかどうかをチェックします。

みつろう 何人以上の教授の査読が必要などの規定もあるのですか。

保江 二人以上と決まっています。教授というか博士というか、その道の専門家が査読して、その二人が両方ともOKといわない限りは発表になりません。
それが早くて半年、長ければ2年かかります。みんな、たいていはまず放っておきます。

みつろう 他人のことだから。

保江　人の発表は遅くさせるのです。

みつろう　皆さん、けっこう性格が悪いのですね。

保江　そうなのです。中には査読委員でアイディアを盗む人間もいます。内容がいいから、先に俺が書いて出しておこうとかね。特に日本人とかインド人とか中国人の、アジア系の人間が書いた論文がやられます。主にアメリカ人に盗まれるのです。

でも、心配しても仕方がないわけです。当時はヨーロッパではなく、アメリカの学会に出す必要があった時代でしたから。

保江博士のノーベル賞受賞の可能性

みつろう　その少し前までは、コペンハーゲンが中心でしたよね。

保江　1950年より前まではね。ところが、第二次世界大戦でヨーロッパが荒廃し、僕がスイスに行った頃はアメリカ一辺倒でした。だからスイスにいても、ヨーロッパではなく、アメリカの学会誌に出さなくてはいけないのです。
それで、アメリカ物理学会の最高の雑誌にまず出し、同じくアメリカ数学会の最高の雑誌に、数学的観点から論じたものを出しました。2、3年、待たされるのも覚悟の上で。

みつろう　そんなにかかるんですね……。

保江　しかも、査読委員がダメといってくる場合も多々あります。
特に、東洋人は受け入れられるのが難しいのです。当時の日本人だと、タイトルさえ読んでくれないことが多かったのです。今もそれに近いですけれどね。
半年かけるくらいならまだいいほうで、2年かけてダメといわれるのが最悪ですよ。

みつろう　時間を無駄にしますね。

保江　でも、受け入れるしかない。結局、白人の世界ですから。
さて、結果はといえば、異例中の異例で、数学会、物理学会どちらもから、3ヶ月でエアメールの返事が来ました。

「受理しました。近々出す最新号の雑誌に載ります」といってきたのです。もう、スイスの同僚も教授も、エンツ先生も、

「ありえない。お前、一体何を書いたんだ」って大騒ぎになりました。

みつろう　みんなには、いっていなかったのですか。

保江　いわないですよ、いっても理解してもらえないですから。

それで本当に掲載されたのですが、もうそれから有名になってしまいました。

みつろう　そうでしょうね。それは何年のことですか。

保江　１９７８年、僕が27歳のときです。

みつろう　京都大学で、お父さんが代わりに博士号を授与された後ですか。

保江　ぎりぎり後です。それからというもの、ヨーロッパのいろんな教授から講演に来てくれと要

請されて、ヨーロッパ中行ってその話をしました。

するとそれを真似るというか、同じような考え方をしてくれる人がどんどん増えてきました。

みつろう それは、うれしいことなのでしょうか。

保江 そんな賛同を得るというのは、とても稀なことなのです。しかも日本人が、それまではないと信じられていた、量子力学の世界に最小作用の原理があるということを示したわけですから。

それで真っ先に呼んでくれたのが、当時イタリアのローマ大学にいたグェラという教授です。ローマ大学の物理の教授といったら、日本でいうと東大、あるいは京大の物理の教授で、その世界のトップです。

そんな人が呼んでくれたので、「イタリア見物もいいな。ローマも行ったことがなかったし」と行ってみて、びっくりしました。

僕よりも3ヶ月後に、僕とほぼ同じ内容の論文をグェラさんが出していたのです。ぎりぎりセーフだったわけです。

みつろう そんな同時期に……。

保江　その論文を見せてくれましたが、彼のは美しくありませんでした。

みつろう　形は違ったのですね。

保江　主張は同じなのです。最小作用の原理が量子力学でも成り立っているという。
ただ、それを証明する道具立てが美しくないのです。そのことは彼も認めていました。
「お前のほうが簡潔で、自分はちょっと分が悪い」といっていました。
グェラが師事していた教授は、エンリコ・フェルミ（＊１９０１年～１９５４年。イタリアの物理学者）でした。彼はフェルミの弟子として、ローマ大学の教授を継いだのです。

みつろう　そのとき、フェルミはまだ生きていたのですか。

保江　もう亡くなっていました。だから彼は、ローマ大学にいたノーベル賞の最有力候補で、どうしても賞が欲しかったのです。その論文で取ろうとしていたのに、３ヶ月前に、もっと美しいものを出してやがったと。

悔しがっていたのですが、それでもノーベル賞は、同じ内容で三人まで受賞できます。朝永先生も三人の中の一人として受賞しましたから。

グェラはどうしても立場上ノーベル賞が欲しいから、毎年ノーベル賞選考委員を集めてパーティーを開いています。

みつろう　賄賂のようなものでしょうか。

保江　みんなやっていることです。パーティーで飲ませて、気を良くさせるのです。

みつろう　ノーベル賞選考委員にお金を渡すのですか。

保江　お金は渡していないとは思いますが、アメリカ人はみんなこんなことをやっていますね。グェラもそうだと後で聞いて、彼がノーベル賞を受賞する確率は非常に高いと思いました。白人で、血筋もいいですし。

もし彼が受賞するなら、先に出した僕も自動的に入れざるを得ません。だから、僕はそれに期待しています。それが最後の望みです。

みつろう　グェラ - 保江理論になるのですね。

保江　向こうのほうが遅いから、本来なら保江 - グェラ理論ですが、彼は白人でローマ大学の教授ですから、名前の順番は譲ってもいいです。

だから、一緒に飲んだときに、「自分はそんなに目立たなくていいよ」といっておきました。

みつろう　では、お二人で受賞する可能性があるんですね。

保江　まだ可能性は残っています。彼が取れば僕も自動的にもらえますから、今の僕の望みはこれだけです。グェラ、頑張れ（笑）。

みつろう　もちろん、先生よりも年上ですよね。

保江　それでも75、6歳のはずだから、まだしばらくは大丈夫でしょう。

僕の論文は単著で保江だけですが、グェラが書いた論文はじつは共著なのです。グェラ - ルッジエロとなりますから、ノーベル賞を受賞するとしたら三人、グェラ、ルッジエロ、保江になるわけです。

僕も、ルッジエロに会ったことがあります。若くて超美人のイタリアの女の子でした。イタリアの美人歌手のジリオラ・チンクエッティじゃないかと思ったほどです。

細くてスマートで可愛くて、グェラの娘以下の年齢です。驚いていると、グェラが「私の助手だ」というのです。

それで僕は気分が上がって、三人で飲んだりして、結局イタリアに4日くらい滞在し、いろいろ意見交換をしてジュネーブに帰りました。

ジュネーブに帰ってからもさらに他のところに呼ばれて、そこで、グェラのところに行った話をするでしょう。ルッジエロの話になって、「とても可愛い子だよね」というと、グェラの愛人だというのです。有名な話だよと。

日本人はこういう話には疎いですが、イタリアは、ローマ帝国の頃からのかなりの封建主義の世界です。

ローマ大学の教授というポジションは大変地位が高くて、それ相応の血筋がないとなれないそうです。いくら実績があってもダメなのです。

グェラは元々は庶民の出で、頭が良くてローマ大学に入って頭角を現したのですが、そのままでは絶対に教授にはなれませんでした。

当時、ローマ大学の教授になる道は二つしかありませんでした。一つは、代々ローマ大学の教授の息子であることです。でも、彼は違いました。

もう一つは、現役のローマ大学の教授の娘婿になることです。

グェラは一般庶民の出だったから、ローマ大学の教授の娘と結婚しなくてはいけなかったのですが、当時のローマ大学の教授の娘はいろいろな意味で魅力のない女性でした。でも結婚するとローマ大学の教授のポジションが確約されますから、当然それを選ぶしかないでしょう。

一般庶民出の優秀な大学院生は、教授の娘がどんな女性でも、結婚してしまえばローマ大学の教授になれるので、グェラもそうしたのです。

そして、そういう教授は、みんな可愛い大学院生を囲って助手にするらしいのです。

それを聞いて、「なんだ、あの可愛い子もそういうことか。手を出さなくてよかった」と思いました。

みつろう　その可愛い人は、実際に頭もいいんですか。

保江　頭のいい子を選ぶのです。なぜなら、その教授の娘というのはたいがい聡明ではないから、家に帰って議論もできません。楽しくないわけです。
その助けを外に求めるので、学生の中から見かけも中身も魅力的な子を選ぶのです。
その話を聞いて、冷や汗をかきました。ルッジエロさんに下手なことをしたらグェラが怒って、ノーベル賞を受賞できたとしても、僕は外されるところでした。

みつろう　彼らはまだ生きているのですね。

保江　もちろん、生きています。
こんな具合に、もう本当にヨーロッパ中、様々なところから呼ばれました。

ローマ法王からシスター渡辺和子への書簡

みつろう　保江理論、保江方程式と呼ばれているのはそれのことですか。

保江　そうです。保江理論は、量子力学の世界でも最小作用の原理が成り立つという理論です。

思い起こしてみると、ファインマンは会おうと思っていたのに亡くなっていて、ハイゼンベルクもボーアも、ド・ブロイもシュレーディンガーも、亡くなりました。

ボームだけは生きていて、やり取りだけはしましたが、逆に僕のほうがちょっと有名になってしまって……。ボームのパイロットウェーブは、僕の理論に比べれば面倒で美しくないわけです。

みつろう　ボームを超えたんですね。

保江　そうです。だから僕も、ボームへのこだわりはないのです。

ただ、まだ唯一存命だったプリンストン大学のネルソン教授には、お礼かたがた会いたいなと思っていました。保江理論は、あの人のおかげでもあるからです。

僕の額の裏に出てきた方程式を少し変形していったらニュートンに近いものが出て、それをネルソン先生の式変形をお借りして、シュレーディンガー方程式まで持っていけたのですからね。

でも僕は、アメリカには行くことなく、スイスに4年滞在した後、日本に引き揚げました。

みつろう　日本ではどこに住まわれたのですか。

保江　まずは、東京に戻りました。スイスにいた頃には、特に就職活動もしていませんでしたし、日本にはまだ僕を受け入れてくれる大学のポジションがなかったので、最初は東芝の総合研究所に入りました。

そのおかげで僕は、先述の日立基礎研究所の外村さんと知り合えたのです。そこに1年ほどいた後、自分の出身地である岡山のどこかの大学に行こうと考えました。

じつはスイスにいた頃、今はポルトガルのリスボン大学の教授になっている、僕と同い年の大学院生が入ってきて、その指導を任されていました。彼は、元々社会学部の大学院の社会哲学専攻で博士号も持っていたのに、僕が指導することになったのです。

彼の社会学の先生が、カトリックのド・ロービエ神父様です。その神父様は、僕が日本に帰るときに、

「君にはずいぶん世話になったから、何か困ったことがあったらいつでもいってきなさい」といってくれました。

東京から岡山に引き揚げるときに岡山の大学のポジションを探すと、僕が生まれ育ったところから歩いて7分ぐらいの所に、カトリック系のノートルダム清心女子大学という大学がありました。

「そういえばあそこはカトリックだから、ド・ロービエ神父様に推薦をお願いしてみようか」と思っ

て手紙を書いたのです。

ところが、しばらく待っても連絡もないし、やはりリップサービスだったんだなと思っていたら、そのノートルダム清心女子大学の当時の学長だった、シスター渡辺和子の秘書さんから岡山の家に電話がかかってきて、

「明日10時に、うちの学長がお目にかかりますのでおいでください」といわれたのです。なぜ僕を、しかもどうやって家の電話番号がわかったのだろうと思いつつ、翌日に行ってみました。

学長は、歴史的な出来事になった2．26事件の生き証人でもあります。2．26事件で渡辺錠太郎教育総監が青年将校に撃ち殺されましたが、シスター渡辺はその方の娘さんで、現場にいらしたのです。小学校2年生のとき、目の前でお父さんを撃ち殺されたのです。

みつろう　『置かれた場所で咲きなさい』（幻冬舎）のご著書で有名な方ですよね。

保江　そうです。学長室に通されると、シスター渡辺は一枚の紙を出してきて、

「ここにドクター・クニオ・ヤスエと書いてあるのは、あなた様ですよね」とおっしゃるのです。

驚いて拝見すると、確かに僕をここの大学の物理と数学の教授として推薦します、と書いてありました。
そして、最後に書いてあったサインを見たら、なんと、ローマ法王だったのです。

シスター渡辺和子（右）とマザーテレサ（左）

みつろう　ええ？　なぜ法王が。

保江　もうびっくりして、シスター渡辺に、

「確かに僕です」というと、

「私どもカトリックの末端に仕えている者にとって、教皇様からの推薦状は命令書に等しいんです。ですから、明日からおいでください」といわれました。

みつろう　すぐに教授になったんですか。

保江　最初は助教授として行きました。

一週間ぐらい経ってからド・ロービエ神父様からエアメールが来て、「君からの推薦状の依頼が来て考えた。自分はジュネーブ大学の教授である一神父にすぎない。そんな者が岡山のカトリック系の大学の学長に推薦文を書いたって、通じるわけがない。

それで、じつは自分の友達のポーランド人の神父に、ヨハネパウロ2世（ローマ法王）がいるので、彼に頼んだ。どうせなら自分が推薦状を書くより、教皇に書かせたほうがいいから」と書いてありました。

ロービエ神父様も当時のローマ法王も、ポーランド人だったのです。

みつろう　教皇の友達だったんですか。なんという運の良さでしょう。

保江　それで教皇様は、ポーランドの時代に一緒に苦労したド・ロービエ神父からの頼みなので、ああいいよと気軽に書いてくれて、それがローマ教皇庁からシスター渡辺に送られてきたわけです。

そして、「教皇様から一体なんだろう」と思いつつシスター渡辺が封を開けたら、「保江邦夫博士を雇え」と。

それ以降、定年になるまでの35年間、僕はずっと岡山にいたのです。

これが僕の人生の要約ですが、僕の理論で、スリット実験とか、アインシュタイン、ローゼン、ポドルスキーなどの理論がこれからどうなるのかにはとても興味があります。

奇跡の展開による湯川秀樹博士の前での研究発表

みつろう　そこに夢はありますか。夢といったら失礼かもしれませんが、今は不思議なブラックボックスであるが故に、まだ騒いでいますよね。

保江　僕が京都の大学院に入ったときには、観測問題などはまだわかっていませんでした。なぜ京都の大学院に行ったかというと、最初は湯川秀樹先生が当時提唱されていた、素領域理論をやろうと思ったからです。

量子力学の解釈とか量子力学のパイロットウェーブなどは、知りもしませんでした。

素領域理論は、湯川先生がノーベル賞の中間子理論に続いて提唱されたすごい理論で、一般人にはその骨子がチヤホヤされていたのに、物理学界では誰も見向きもしていなかったようです。

みつろう　ノーベル賞を取った人の理論なのに。

保江　でも、外国の研究者はみんな、素領域理論に飛びついていた。

みつろう　日本の宝ともいえるノーベル賞受賞者が、そんな扱いでいいのでしょうか。

保江　そうなのです。日本の物理学界は本当にダメなのです。
晩年、素領域理論を出したら、お弟子さんですら、「なぜあんなアホなことをいうの。かっこ悪い」という始末です。

それまでの物理学者は、物質の基本単位である素粒子、元となるものばかりを議論していました。新しい素粒子が見つかるたびに、やれクォークだ何だとどんどん増えていったことで、湯川先生は、「どこが素粒子だ。素になっていない。どんどん増えていくようなものが、美しい物理の理論になるわけがない」といい始めたのです。
それと同時に、当時の場の量子論で計算すると、無限大で計算できなくなってしまう、発散の問題がありました。空間が連続的に拡がっているせいで、積分をすると無限大ばかり出てきたのです。
もし空間が離散的、粒々になっていれば、全部足し合わせても無限大にならずにすみます。
それと、空間の素があるとするならば、その素の中にエネルギーがあって、その空間の素が、ある状態になっているときは電子であり、別の状態のときはクォークであるとか、空間の構造に素粒子の複雑さを移すことができます。

ですから、そのほうが理論としてはすっきりすると考えたのです。

それまでの物理学者は、誰一人として空間については論じることがありませんでした。アインシュタインは、宇宙スケールの大きな空間については、それが曲がっているとはいったけれども、ミクロの世界については問題にもしていなかった。

空間に注目したのは、湯川先生だけだったのです。

それをたまたま僕は知って、「すごい理論だ。これだ。僕はこれをやりたい」と思って京都に行ったわけです。

それで何とか大学院入試に受かったのですが、湯川先生は定年でもうずっと前に辞められて、かつ体の具合を悪くして車椅子生活でした。湯川先生は2、3ヶ月に1回、大学の湯川記念館という基礎物理学研究所に車椅子で来られて、セミナーを横で聞くとか、そんな活動しかなさっていませんでした。

そんな中、僕が素領域理論をやりたいと教授にいっても馬鹿にされていたわけですが、僕はそれをやるためにわざわざ来たのだから、誰がなんといおうと研究していたのです。

先輩が下宿にまで来て、

「お前、そんな態度ではけしからん。教授のいうとおりコツコツ計算でもしておけ」というのですが、僕は聞く耳もたずで我が道を行きました。

じつは、似たような同級生がもう一人いて、中込照明君という友達です。僕よりももっと頭が良くて、僕は彼の陰に隠れていたから矢面には立たずにすみました。

彼は、京大のどんな教授でも論破して、ギャフンといわせることができた人でした。

みつろう　教授を論破するんですか。

保江　そうです。頭脳明晰ですから数学もよくできました。

それで、一緒によく酒を飲んで議論をしていたのですが、このままじゃダメだろうなと思っていろいろ調べているうちに、だんだんと湯川先生の素領域理論から離れて、どうも量子力学には観測問題という大問題があるみたいだと気づきました。

それについて、あの有名なド・ブロイが、パイロットウェーブという理論を出していることを知り、その考えが非常に納得できて、これをやってみたいと思ったわけです。

湯川先生は教壇からおりられた状態でしたから、結局ド・ブロイのところに行こうと決めて、先述したように京都の日仏学館に行ったのですが、フランス政府国費留学生の試験に落ちてしまいました。

そこで、何か他に方法がないかなと考えたところ、日本人でただ一人、ド・ブロイと共著論文がある理論物理学者がいて、しかも湯川先生の弟子みたいな人だということがわかりました。

それが、当時は名古屋大学の教授でいらした高林武彦先生でした。

もう、この先生にお願いするしかないと意を決して、当時はまだ学会誌に住所が載っていた頃だったので、アポも取らずに名古屋に行って、住宅街を歩きまわってご自宅を探し、やっと着いたのが夜の7時頃でした。

もうあたりは真っ暗で、恐る恐る玄関のインターホンを鳴らすと、奥さんらしい人の声で、

「どなたですか」といわたので、

「京都大学の大学院生で保江と申しますが、高林先生はご在宅でしょうか」と答えました。

奥さんが出てこられて、

「ちょっと飲み始めていますけれども、よかったらどうぞ」と、初対面の僕を入れてくれたのです。

先生は、白ワインをボトル半分ぐらい飲まれたようで、ちょっと酔っ払っていました。

「もうこの後、寝るつもりで飲んでいたから。君も飲むか」といってくださったので僕もいただいて、その場で自分の思いを打ち明けました。すると、

「そうか。わかったけれど、京都大学の大学院にいるままでは僕は口出しもできないから、うちの大学に編入するかね」といわれました。

「そんなことができるんですか」と驚くと、

「何とかできると思うから任せておけ」といわれたので、お願いしました。

すると、後日、名古屋大学の大学院から、編入手続きの書類が送られてきました。

みつろう　すごいですね、スピード感が。

保江　書類に記入して提出したのですが、そこからまたとんでもないことがあったのです。

そのための編入試験があることがわかり、

「話が違います。今更試験を受けないといけないのですか」と聞くと、高林先生から、

「すまないが形式的に受けてもらわねばならない」といわれました。まあ形式的ならいいかと思って試験を受けに行ったのですが、そこには受験生が10人もいたのです。編入枠は一人なので、10倍の倍率です。

驚いて、話がますます違うなと思っていたら、僕以外の9人は修士課程までしかない地方大学の大学院にいる人たちで、博士を取りたかったら旧帝大で唯一、途中編入を認めている名古屋大学に編入するしかないという、死活問題の様相でした。

僕は元々京都大学ですから、そのままで博士が取れます。ですから、待機しているときに、

「なんでこのたった一人の枠を受けに来るのか」とあからさまにいわれて、

「僕らに譲って帰ってくれ」とまで。

僕は僕で、高林先生にいわれたから受けているだけなのですが、それもいえないから困っていました。

試験は二日間、口頭試問だけでした。僕に質問をするのが高林先生以下、教授陣ならまだよかったのですが、大学院生も聞いてくるのです。というのは、名古屋大学は共産党系で、代々の伝統で教授も1票、大学院生も1票、というように、教室運営が超民主的なのです。

だから編入者を決めるときも、高林先生には投票権が1票しかないわけです。

みつろう　影響力が大きいとはいえないですね。

保江　それどころか、大学院生のほうが票が多いのです。それで10倍の難関でしょう。大学院生の先輩格の人たちが、京大から来たこんなぺーぺーの奴より自分のほうが頭がいいということを教授の前で示すために、無茶苦茶難しい質問をしてくるわけです。

みつろう　京大は、大学のレベルとしては名古屋大よりずっと上なんですよね。

保江　ですので、その僕をやり込めたら自分のほうがレベルが高いと思われるだろうと、先輩たちがガンガン来るわけです。幸いそのときだけはうまく全部論破したので、みんな黙ってしまいました。

それで面接試験が終わって、受験生は待機室に戻り、判定の議論が始まりました。

結局、僕が選ばれたのですが、高林先生は1票で、僕に論破された先輩方も忸怩(じくじ)たる思いではあったのでしょうが、確かにあいつは頭が良さそうだと認めてくれたのです。

みつろう　紳士ですね。

保江　そうした意見をまとめる大学院生が一人いたのですが、じつはその人は東北大学の物理を出て名古屋大学の大学院に来た人で、東北大学のことをよく知っていました。

僕は最初は、宇宙人とＵＦＯの研究をしたいから、東北大学の天文学科にいたのですね。

みつろう　岡山から仙台の東北大学に行って、４年間過ごしたのですよね。

保江　天文学科というのは東大と東北大にしかなくて、東北大の天文学科は定員が５人です。そこに、全国から天文学をやりたい学生が来るという、すごいところなのです。

だから、物理学科などに比べて極端に難しいのですが、他の大学の人はそんなことはまったく知らないわけです。

けれどもちょうど、東北大の物理を出た院生がまとめ役をしていて、判定会議のときに、

「経歴を見ると、彼は東北大学の天文学科を出ている。天文学科というのはとんでもなく難しいところで、自分くらいの学力では天文学科には行けなかっただろう。

しかも彼はその後、天文学科から京大の物理学科に行っているが、これも普通ありえないことだ。学科が違うから当然、試験内容も違う。そんなハンデをもろともせず受かっている。そんな奴が来てくれるんだ」といってくれたのです。その意見で流れが変わって、全員が賛成してくれました。

これは、後で先輩から聞いた話なのですが。

みつろう　そうして、名古屋で学位を取ることになったのですね。

学位は、スイスにいる間にお父さんが名古屋大学まで受け取りに来てくれたのですか。

保江　ブツブツいいながらも、名古屋まで行ってくれました。

「世間的には、京都大学が最終学歴のほうがいいだろう」といわれましたが、僕としてはド・ブロイのところに行きたくて、高林先生が編入しなさいといってくれたとおりにしただけです。

編入してみたら、高林先生はもうお歳なこともあり、ほとんど大学に出てこられませんでした。

一人で研究している僕を見た高林先生は、

「せっかくだからちょっと、湯川先生のところに行くか」と誘ってくれました。

「君の話を湯川先生の前でしてみるか」というので、

「いいのですか。今、湯川先生は車椅子の状態ですよ」というと、

「大丈夫、自分がいっておくから」と約束してくれました。

まもなく、基礎物理学研究所から、今度の湯川先生が来られるセミナーに来てくれと連絡がありました。湯川先生の前で講演してくれというのです。

それで、僕の考える素領域理論について、湯川先生の前でお話しできました。

当時は一人でコツコツと素領域理論について研究していましたが、このままでは湯川先生にも会えないし、どうしようかと思っていたのです。

みつろう　先生は、素領域理論についてすでに研究していたのですね。

保江　僕なりの研究をやっていました。

みつろう　直接習ってもいないのに、新聞の報道などを見て、湯川先生の考えているのはこういうことだろうとわかったのですね。

保江　もちろん、湯川先生が出された論文のコピーも取り寄せて、それに基づいてやっていました。

湯川先生のお弟子さんは、誰一人として手掛けていませんでしたから。

みつろう　感動ですね、湯川先生も。

保江　だから湯川先生は、

「高林君のところの若い大学院生が、こんなところまで考えてくれていたのか」と大変喜んでくださいました。

その頃、村上隆の『限りなく透明に近いブルー』（講談社）という小説がベストセラーになっていました。湯川先生が、

「素領域と素領域の間の区別はできるのかね」というご質問をくださったから、

「本当はしたいんですけれど、どちらかというと『限りなく透明に近いブルー』で、本当は区別できないのですよ」といったら、「ははは」と笑ってくださったので、先生は村上隆の本を読んでいらっしゃるんだと思いました。

その場ではそれで終わって、湯川先生は帰られたのですが、後日、あの続きを聞きたいとおっしゃってくださったのです。

みつろう　「あの子を呼べ」みたいな感じですか。

保江　そうです。それでまた行きました。

そのときには、数学の教授まで呼んでくださっていました。僕のいうことが正しいかどうか、湯川先生ご自身が判断できないからです。

みつろう　計算に関するところですね。

保江　はい。なぜ湯川先生の理論が人気がなかったかというと、「空間の構造が泡みたいになっている。それがこの空間の微細構造だ」とおっしゃっても、それだけだったからです。それだけいったところで、

「素粒子などの量子とは何かというと、泡の中のエネルギーだ。そのエネルギーが泡から泡に飛び移って行くのが、電子やクォーク、フォトンといった素粒子が空間を運動しているということなのだ」とされたのです。当然、

「だったら、素領域から次の素領域の泡にエネルギーが飛び移って行くその状態を、例えば量子力学の方程式で証明しろ」ということになります。

ところが、湯川先生は数学があまり得意ではなくて、そこができていないから、「言葉だけの説明では話にならない」ということで、お弟子さんすら離れて行ったわけです。

だから僕としては、この泡から泡にエネルギーが飛び移っていくのが、例えばシュレーディンガー方程式とかの量子力学の方程式で記述できるということを証明できれば、湯川先生の応援になると思って、一人でコツコツやっていたのです。

みつろう　感動のお話ですね。

保江　ありがとうございます。

伊藤清先生の確率微分方程式の功績

保江　それで泡から泡に飛び移るのを、どうやって数学的に記述するんだろうと考えました。

僕は天文学科を出ていて数学をそんなに知っていたわけではないので、図書館に行ったりしていろいろ調べました。

そのうちに、「ランダムウォーク」というピンとくるワードに出会いました。

酔っ払いが一軒の飲み屋から出て次の飲み屋に行くときに、千鳥足でふらふら行くから、次にどの店に行くかは確実ではない。この店に行く確率が何パーセント、あっちの店に行く確率が何パーセントくらいにしかいえない。それをランダムウォークといいます。

数学の確率論という分野で研究しており、確率過程、ランダムプロセスといいます。

この確率過程という分野の理論が使えることが、わかったのです。

当時の京都大学に、アメリカで一世を風靡して、金融数学の基礎までも確率過程の方程式から出されたという、伊藤方程式がありました。

伊藤清（＊1915年~2008年。日本の数学者）先生が発見された方程式ですが、その先生がアメリカから戻ってこられて、定年までの間、3年間だけ京都大学の数理解析研究所の教授でいらっしゃったのです。

ちょうどその先生の帰国第一回目のセミナーをやるというので、京大の数学教室の人たちがみんな集まってきたタイミングでした。

とにかく、伊藤先生の方程式、つまり確率微分方程式というのを使えば何とかなるんじゃないかと思って、わけもわからずに、そのセミナーに参加したのです。

そして、たまたま最前列の席しか空いていなかったからそこに座りました。配られた資料はとても分厚くて、伊藤先生が説明なさるのですが、さっぱりわからないのです。

伊藤 清

みつろう 保江先生でもわからないんですか。

保江 分野が違いますから。僕は天文学科を出ていて、片や数学でも最高峰と思われるような先生です。

基本的にはさっぱりわからないのですが、定理として書いてある証明の部分に、僕でもわかる計算ミスをたまたま見つけて、印をつけていました。先生は、最後まで説明し終わっても、そこのところに計算ミスがあったとおっしゃらない。そのまま、皆が拍手をして終わりました。

でもあんまり気になったから、初対面だけれども、先生のところにわざわざ行って、「すみませんが、ここのところは、こうじゃないですか」とおうかがいしたのです。そうしたら大変驚かれて、

「確かにそうだ。よく見つけてくれたね、君。名前は何というの」というのです。

「じつは、僕は数学の院生ではなくて物理教室の者なのです」と答えると、
「ちょっと来たまえ」と先生の研究室に連れていかれました。

そこで、僕は正直にいったのです。

「湯川秀樹先生の泡の素領域理論の、泡から泡に飛んで行く素粒子の運動を、量子力学の、例えばシュレーディンガー方程式のようなものになるということを証明して差し上げたいのです。けれども、僕では一体どんな数学を使えばいいのかもわかりません。ただ、どうもこれはランダムウォークという確率過程で、伊藤先生の専門分野で導けばいいのかもしれないと思うようになりました。

先生はアメリカに行かれて、確率微分方程式という新しい方程式でランダムウォークを記述する研究をされていると聞き、ちょっとお話をうかがいたいと思ってきました」というと、

「そんなことになっているのか。じゃあ、考えてみるよ」といってくださったのです。

みつろう　確率微分方程式の一番のプロが、考えてくれることになったのですね。

保江　その上、いつでも研究室に来なさいといってくださいました。でもなかなか連絡がありません。そうこうしているうちに、僕は名古屋大学に行ったのです。

そして、高林先生に、

「湯川先生の前でちょっと話してみるか」といわれたので、

「素領域から素領域、泡から泡に飛んでいくこのランダムウォークの概念を、数学では確率微分方程式という伊藤清先生の方程式で記述したら、こういう方程式になりました。今のところここまではできているんです。ただ、まだシュレーディンガー方程式とか量子力学での方程式にはたどり着けていません。でも、もうちょっとでうまくいきそうな気がします」と湯川先生に報告しました。

湯川先生は「そうか」といってくださり、そのときはそれで終わりましたが、しばらくしたらまた高林先生経由で、湯川先生からお呼びがかかりました。行ってみたら、そこには伊藤先生がおられ、

「やっぱり君か」といわれました。

確率微分方程式については、湯川先生は自分が聞いてもわからないし、サジェスチョンもしてやれない。じゃあ、伊藤清先生を呼ぼうということになり、伊藤先生も湯川先生の呼びかけに、もう万難を排して来てくれたわけです。

みつろう　伊藤先生も、保江先生を覚えていてくれたんですね。

保江　もちろんです。

みつろう　少しは考えてくださっていたのでしょうか。

保江　そのときは、

「ちゃんと考えていたんだけれども、やっぱり答えが出せなかったから連絡しなかった」とのことでした。そのやり取りを聞いていた湯川先生からは、

「本当に動いてくれていたんだね、君は」といっていただけました。

そこでまた僕がもう少し詳しく、お二人に説明しました。

「ここまではできたけれど、もう一つ条件式が必要で、それさえ閃けばなんとかなりそうなのですが」と。

伊藤先生の確率微分方程式では、素領域から素領域、泡から泡にぴょんぴょん飛び移る素粒子、量子の経路運動が、確率論的にこうなるよという話は記述できました。ところが、力学がない。

こういう力、こういう状況ではこっちの方向に行くよとか、こういう風になるよというのを示すのに、飛び移るときの素領域の分布があるのですが、素領域が少ないところには行きにくいわけです。酔っ払いが千鳥足で動くときにも、あまり飲み屋がない方向には行かず、飲み屋が密集してい

る方向に行くでしょう。

みつろう　素領域は対称性を持っていないというか、密集していたり、疎密になっているのですね。

保江　そうです。

みつろう　知らなかったです。

保江　すぐ近くの素領域に飛び移るほうが簡単だったりするので、それによって確率が変わります。その行きやすさを決める方程式が、見つからなかったのです。

素領域の分布がこうならば、伊藤先生の確率微分方程式で見るとこう行くよということはわかるのですが、逆に素領域の分布の密とか疎、これを決める方程式がなかったのです。

これは力学というか、物理的な状況で決まるのだろうと思えました。でも、はたしてどんな条件方程式を持ってくればその素領域の分布が決まるかは、そのときはわからなかったのです。

それで、そのことも湯川先生にお伝えしましたが、湯川先生もおわかりにならないし、伊藤清先生は数学者だから余計にわからないし、実際に興味もなさそうで、そのときはそのままお開きになりました。

湯川先生と伊藤先生はお二人とも、

「もうちょっとみたいだけれどもね」とか、

「もうひと押しだから、頑張ってくれ」といってくださいました。

僕は名古屋に帰り、そうこうしているうちにエンツ教授から電報が来て、急遽スイスに行くことになりました。「すぐに来てくれ」とのことだったので、湯川先生にも伊藤先生にもご挨拶すらできませんでした。

スイスに行くためには博士論文も書いて、高林先生にお願いして公聴会にも通してもらわなくてはいけないから、必死で毎日を過ごしていたのです。

そして、スイスに行き、保江方程式を見つけたというのは前述のとおりです。これが、素領域の分布の密疎を決める方程式だったのです。

みつろう　すごいですね。素領域の疎密具合は最小作用の原理で決まる。これも、神様が采配してくださっているのですね。

保江　素領域の分布密度を変えてくれるわけです。

みつろう　保江理論があれば、行きやすい方向はここだよと、力学も与えられるのですね。

保江　確率微分方程式に従えば、どう行くかがわかるのです。

みつろう　このときは、湯川先生はもう亡くなられていたのでしょうか。

保江　まだご存命でしたが、入院なさっていました。

僕がスイスで書いた論文は、学会と京都大学の基礎物理学研究所の湯川秀樹先生宛に送りました。すると、当時は京都大学の教授になっていた湯川秀樹先生のお弟子さんが、気を利かせてくださったのです。

「スイスに行っている保江君から湯川先生に大きな封筒がきたということは、きっと論文だ。今度、先生のお見舞いに行くから持っていこう」と、湯川先生の病室まで運んでくれました。

先生は、「保江君から何か送ってきていますよ。論文だと思いますが、開けましょうか」と聞くと、湯川

「開けてくれ」とおっしゃったので論文を出して、「素領域理論に進展があったのでしょうね」といってお渡しすると、湯川先生はそれを見て、「ついにここまで来たのか」と一言、おっしゃったそうです。

みつろう　感動しますね。

保江　湯川先生はベッドの上でその論文をパラパラと見て、その後、それをぐっと握りしめて、胸の上に置いてしばらくは離さなかったそうです。

その後、半年ほどして湯川先生は亡くなられます。

そのお弟子さんは、すぐに僕に手紙でもくれればいいのに、ずっと知らせずに僕がスイスから帰国して東京で過ごし、さらに岡山に行って、どこかの研究会でたまたま会ったときに、「保江君、あのときの論文、湯川先生に渡しておいたからね」と教えてくれたのです。

みつろう　それで初めて知るわけですね。

保江　そうなのです。

「先生はえらくお喜びで、病院のベッドで君の論文をご覧になった後に、ずっと握りしめていたよ」って。

みつろう　うれしいですねー。

保江　できればご存命中に教えてほしかったですよ。

みつろう　残念でしたね。

保江　もしすぐにそのお話を知らせてくれていたら、僕は大枚はたいて飛行機のチケットを買って、感動を分かち合うために日本に帰っていたかもしれません。

僕の理論を使うと、スリットを通り抜けるとき、電子は伊藤先生の確率微分方程式で動きます。これは伊藤先生にとってもすごいことで、初めてご自身の理論が物理学で使われたのです。

今はリスボン大学の教授になった、僕がスイスで教えていた弟子も、僕の理論のほうが面白いといって、エンツ教授に与えられていたテーマを捨てて僕についていてくれました。

彼はそのおかげで教授になれたわけですが、本当に必死でやってくれて、僕の理論をさらに数学的に緻密なものにしてくれました。

あるときその弟子が、僕がスイスから日本に里帰りするのに一緒に行きたいといってついてきたのです。

それで、奈良や京都の観光地も一緒にまわったのですが、京都に着いたときに彼が、

「そういえば京都には、伊藤清先生がいらっしゃるんでしょう。日本にはめったに来られないのだから、伊藤先生にお目にかかるわけにはいかないだろうか」というのです。

僕もずいぶんお会いしていないのでどうだろうなと思いつつ、アポなしで京都大学数理解析研究所の伊藤先生の研究室まで行ってみました。

そうしたらちょうどいらっしゃって、院生と何か話し合っていました。そして僕の顔を見て、

「あれ、保江君。君、ついにうまくいったみたいだね」とおっしゃいました。

伊藤先生は、アメリカ数学会の論文誌に僕の論文が載っていたのを読んでくれていたようです。

僕はその場で、スイスの弟子を紹介しました。彼にとっては、伊藤清先生といったら確率微分方程式の神様です。

伊藤先生からその日の予定を聞かれたので、今夜は京都に泊まって翌日も京都見物をして、岡山に移動するというと、
「今夜は空いているんだね。じゃあ、君の弟子がやっていることをちょっと聞きたいから、夕飯をいっしょにいいかい」といわれたので、
「もちろんです」と答えました。弟子は、
「神様とお話ができる！　スイス人の若者ではきっと、初めてだ」といって、もう喜んで大はしゃぎでした。

そして、指定された6時頃に先生のご自宅にうかがうと、先生ご本人が出迎えてくださり、近所の天ぷら屋さんに連れていってくださいました。カウンターに伊藤先生、僕、その隣にスイス人の弟子が座り、出てくるものは、海老づくしでした。オマール海老とか車海老とか、美味しいのがどんどん出てくるわけです。

みつろう　先生は海老がお好きなんですね。

保江　僕も好きなのですが、じつは弟子は甲殻類が、まったくダメだったのです。

でも伊藤先生にご招待いただいたので、無理して必死に食べていました。僕は、彼が海老を嫌いなのはわかっていたので、「かわいそうに。でも頑張って食べて偉いな」と思って見ていました。

伊藤先生は僕の理論について聞いてくださり、いろいろと褒めてくださいました。

その後、先生のご自宅に戻ったのですが、そこのセミナールームに案内していただきました。ちゃんと黒板があって、僕の弟子が自分の研究について説明しました。

彼はフランス語が母国語だけれど英語はカタコトで、ときどき僕が通訳をしながら会話をしたのですが、雲の上にいるような心地だったそうです。

湯川先生にも良くしていただきましたが、伊藤清先生にもお世話になった結果として、僕のこの理論が華開いたのです。

その後、あちこちに呼ばれて、保江理論はすごいねとかいわれ、チヤホヤされていました。

パート8　可能性の悪魔が生み出す世界の「多様性」

保江　さて、少しダイジェスト的にまとめますと、先述のように、僕が東北大学の天文学科に行ったのは、ＵＦＯ、宇宙人の研究をしたかったからです。でも入学して教授にそれをいったら、「バカモン！」と叱られてしまいました。

みつろう　「岡山からわざわざ東北まで来たのは、宇宙人を探求したいから」といったのですね。

保江　そう。でも、「天文学科はそんなアホなことを研究するところではない」といわれました。

それまで本当に純粋にそう考えていたので、「それじゃあ、宇宙人の研究は、一体どこの学科でできるのだろう？」と、僕のほうが驚きました。

そういうことだったら天文学科にいても仕方がないので、大学院はどうしようかと考えていたときに、ちょうど新聞で、日本人で最初にノーベル賞を受賞した湯川秀樹先生が、今度は素領域理論というのを提唱されて、今それを研究されていると紹介されていました。

それまでは、素粒子という物質の元になるものに皆が目を向けていたのを、空間の微細構造を突き詰め、それによってそこに存在する素粒子というものがどういう形態になるかという、見方をがらりと変えた革新的なものだということでした。

みつろう　新聞がそうやって紹介していたのですね。

保江　僕は、「これはすごい」と思いました。

その頃は、天文学科では宇宙人について研究できないことにがっくりきて、仙台市内にあった大きい本屋に行っては、物理とか数学とかの本をずっと見ていました。

その中に、薄い新書版で、ドイツで一番偉い数学者といわれているリーマン（＊ゲオルク・フリードリヒ・ベルンハルト・リーマン。１８２６年〜１８６６年。ドイツの数学者）の本がありました。

ゲオルク・フリードリヒ・ベルンハルト・リーマン

みつろう　リーマン予想のリーマンですね。

保江　それと、リーマン積分とか、リーマン幾何学とかあってね。現代数学の基礎の基礎を確立したすごい数学者で、もちろん昔の人だからとっくに亡くなっていましたが。

その日本語の訳本は、『幾何学の基礎をなす仮説について』（筑摩書房）というタイトルでした。「あのリーマンか」と思って、薄くて安い本だったし買ってみたのです。読んでみたらすごい本で、数式はほとんど出てこず、ほぼ文章なのです。

リーマンは遅咲きの人で、30歳を過ぎて初めて、ドイツで数学のメッカといわれていたゲッチンゲン大学の、講師の採用試験を受けました。その試験内容が、教授たちの前で講演をすることだったようなのですが、その講演内容が本になっていたのです。

当時の幾何学というのは、ギリシャ時代のユークリッド幾何学の延長で、縦横、高さ、前後、この3次元の空虚なユークリッド空間というものの中に直線があり、平面があり、球があり、それが組み合わさったときに数学的にはどう記述できるかという学問でした。

例えば、平行な二つの直線はどこまで行っても交わらない、などですね。

リーマンは、それについて講演の中で疑問を呈した初めての人でした。

「今、数学者は、空虚などこまでも拡がっている空間の中の直線、二つの平行な直線がどこまでも交わることはないと思って、こんな空間の幾何学についてだけ考察しているけれども、本当にそうなのだろうか。ひょっとすると宇宙スケールの遥か星の彼方まで行けたら、直線と思っていたものが曲がっているんじゃないだろうか」といい出したのです。

みつろう　それまでは、誰もそんなふうには考えなかったんですね。

保江　それが後にリーマン幾何学といわれるようになって、アインシュタインが一般相対性理論を組み上げるヒントになりました。空間が曲がる、しかも宇宙でその可能性があるという概念は、リーマンが最初にいい出したものです。

みつろう　アインシュタインは重力波を考えて、重たいものの周りは空間が歪むといっていましたよね。

保江　アインシュタインは、重力の説明をするのに数式をこねて、時間と空間についてこういう風になるよと示しただけで、幾何学なんて知りませんでした。

みつろう　物理的に数式で示しただけという。

保江　ところがその数式を見て、最初はミンコフスキー（＊ヘルマン・ミンコフスキー。１８６４

年~1909年。ロシア〈リトアニア〉生まれのユダヤ系ドイツ人数学者)、次には別の弟子が、「これは数学でいうと幾何学だ。特に一般相対性理論の式は、リーマンという数学者が打ち立てたリーマン幾何学というのがあって、それを使うとアインシュタイン先生がいっている理論がすっと出てくる」といいました。

そこでアインシュタインがどんな幾何学だと聞くと、

「リーマンという人が、宇宙スケールのところにいくと空間は曲がっているといい、それを表すのがこのリーマン幾何学です」と答えたのです。

それでアインシュタインは、「空間は曲がっている」といい始めたわけです。

リーマンは、ゲッチンゲン大学の講師採用試験で、数式をほとんど使わず、まずは宇宙スケールでは空間が曲がっている可能性があると指摘しました。後半で、今度は逆にミクロの目に見えない小さい世界にいくと、ユークリッド空間みたいに連続的に拡がっていると我々が思っている連続性がなくなって、空間が粒々の離散的な状態になっている可能性を誰も否定できないといっています。

だから、宇宙スケールでは連続的だけれども曲がっている。ミクロの原子分子以下の素粒子の世界にいくと、空間は連続性すらない、飛び飛びの泡泡、そんなものだよと当時すでにいっていて、それがその本に書いてありました。

そして僕は、「これは新聞で見た湯川先生の考えと同じで、リーマンがすでに百数十年前に指摘していたんだ」と気づいたのです。

その後、リーマンがゲッチンゲン大学の教授になって、主に研究したのがリーマン幾何学で、連続的に曲がっている幾何学を作り上げました。

そのおかげでアインシュタインは、一般相対性理論を数学的にきちっと表現できたのです。僕は、「でもこのミクロのほうの泡とか離散的とか、空間が飛び飛びになっているというところは誰も触れていないし、リーマンがそんなことをいっていたということも知らない。ところが僕は、運よくこの本を手に入れたのだから、これを自分がやろう。湯川先生のところに行かなきゃ」と思ったのです。

あの大数学者リーマンが、湯川先生とまるっきり同じことをいっていたのですから。

みつろう　先生が大学何年生の頃ですか。

保江　3年生だったと思います。

それで、だったら京都に行くしかない、大学院は京大の物理にしようと決めました。

京大の大学院には首尾よく入れましたが、湯川先生は退官されて車椅子でたまに来られるだけで、僕らが直接会えるようなお立場ではないことがわかりました。そして指導教官からは、

「何をいっているんだ。今頃そんなアホなことを研究して飯なんか食えるか。それより、この計算でもやっておけ」と、重箱の隅をつつくような作業を命じられましたが、僕は、そんなことをしに京都に行ったわけではありません。

それでいろいろ調べてみると、量子力学を作り上げた名だたる人たちの中で、唯一ド・ブロイがまだ生きていて、ヨーロッパにいることがわかったのです。

みつろう　オールスターで唯一生きていたと。

保江　湯川先生は、リーマンと同様に、

「空間のミクロの構造は、粒々に、飛び飛びの泡のようになっている素領域の集まりだ。その泡から泡にエネルギーが飛び移るのが素粒子だ」と、単に口でおっしゃっただけでした。

もう少し詳しくいえば、僕が名古屋に行く理由になった湯川先生の弟分の高林武彦先生と一緒に、

「この素領域の中のエネルギーが、どういう形で存在していれば、例えばある素領域の形が丸い球状のときやひょろ長いときなどの幾何学的な形状の違いによって、電子だったりクォークだったり、

スピンだったりするのだろう」と、考えていらっしゃったのです。

それはそれで、面白い考えです。

「例えば、ある素領域を変形させたエネルギーがあるとする。どこかの素領域に飛び移って変形させたというのが、電子がある地点から別の地点に移動したということだ。まるで電光掲示板のように」ということをおっしゃっていましたが、それはイメージでもわかります。

けれども、例えばシュレーディンガー方程式とかディラック方程式とかハイゼンベルクの運動方程式によって記述できるようになる、ということはお示しになれなかったのです。

だったらそこを僕が示せばいいのだろうといろいろ考え始めたのですが、これが難しい。

僕もその分野は得意ではないし、まだ大学院1年生でそんな学力もありません。

そもそも量子力学の波動方程式、シュレーディンガー方程式というのは、元々はド・ブロイが物質は波だといい出して、物質波というものを考え出していたので、その量子力学の発展したものを学んでできたのです。

みつろう　鉄の温度で見るやつですよね。

保江　僕も、量子力学を見直すために、そういったものを全部学んだから割と詳しいのです。ド・ブロイが最初に電子は波だと、あるいはアインシュタインが光は粒だといったところから出発したのですが、アインシュタインや他の有名物理学者はもう亡くなっていて、唯一存命だったのがド・ブロイでした。

だったらド・ブロイのところに直接行って、彼の物質波のイメージを学ばせてもらったらいいのではないか。湯川先生の素領域理論の中では、エネルギーが素領域から素領域に飛び移るのが量子だということになるわけだから、ひょっとしてこの飛び移る方程式を導き出すきっかけになるのではないか。

そう思ってぜひド・ブロイのところに行きたいと考えたのですが、お金もないので、フランス政府国費留学生で行くしかなかったのですが、結局試験に落ちてしまったというのは先述のとおりです。

保江方程式は物理、数学の両学界で称賛された

みつろう　でもまぁフランス語学校で、女子学生に囲まれたハーレムな日々だったからよかったの

ですよね。

保江　そうです（笑）。でも3通だけ手紙を書いて出したうちの1通がうまく引っかかって、スイスのジュネーブ大学に行けました。行ってみたらド・ブロイはもう亡くなってはいましたが、パイロットウェーブという考えがあると知り、そのアイデアを引き継いでいたのが、ボームというロンドン大学の教授だということがわかりました。

そこで、今度は彼に手紙を書いて、「ジュネーブにいるから会いに行ってもいいか」と聞いてみると、「機会があったらロンドンで議論しよう」といわれてしまいました。

その一方で、ジュネーブ大学にも面白い物理学者がいることがわかって、結局はそこにしばらくいましたが、その間に何とかしようと思っていました。

すでに述べたことをまとめると、量子力学の、原子を記述するブラックボックスのところは、元々はシュレーディンガーの波動力学とハイゼンベルクの行列力学、及びそれを少し統合的に書けるように数学的に整理したディラックの量子力学だけがありました。

シュレーディンガーは、シュレーディンガー方程式を引っ張り出すときに、古典力学のハミルトン-ヤコビの運動方程式から出発しました。ハイゼンベルクは、ハミルトンの運動方程式から出発しました。

みつろう　混同しそうな式の名前ですね。ヤコビがつくかつかないかが違うだけで。

保江　でも、違うものなのです。

量子力学といえばそういうイメージだったときに、アメリカの若き物理学者のファインマンが、ブラックボックスを記述するのに、もうすでに誰かが考えついたそんな方法は嫌だといって、違う方法を探していました。

ハミルトンの運動方程式はすでに使われていたし、ハミルトン - ヤコビの運動方程式も使われていたので、まだ使われていない中で当時から最も重要視されていた、作用という物理量、あるいはラグランジアンに目をつけた。ラグランジュ関数という物理量を使うという、未知のやり方でした。

それでストリップ劇場のバーで飲んでいたら、隣にイギリス人の物理学者がきて、ディラックの考えからのヒントをもらい、それを真に受けたファインマンがその場で紙ナプキンの上に計算をして、ブラックボックスの複雑怪奇なところを、作用という関数で記述しました。それでノーベル賞ですよ。

そうしてシュレーディンガー、ハイゼンベルク、ディラックに次いで、ついに新しい量子力学の道を見つけたわけです。それを、経路積分といいます。

数学的にはめんどくさいもので、しかも数学者からは、厳密には数学ではそれは存在できない積分だといわれます。でも物理学の話としては面白いんじゃないかということで、ノーベル賞を取るくらいには流行りました。

ここまではもう、僕が大学生のときに終わっていた話です。

ファインマンの話は、戦争中のことですから。

みつろう　ずいぶん、昔に終わっている話なんですね。

保江　ファインマンは戦争中にテレビに出演して、マンハッタン計画にすら参加していた秀才であり、フォン・ノイマンのところにいました。僕が東北大や京大大学院にいた頃にはファインマンの教科書を読んだし、当然知っていました。

それで、ファインマンがときどきジュネーブにきていることを僕の教え子が知らせてくれて、ぜひ会いたいから次は僕も連れていってと頼んでおいたのですが、それから半年待たずに亡くなられてがっかりしました。

ファインマンは物理量及び作用、作用というのはラグランジュ関数を時間で積分したものですが、これを使うことは使ったのです。でも、本当は古典力学の世界では、最小作用の法則というのがあって、作用を最小にするようにこの世の中の全ての運動は実現される……、つまり、そのように神によって選ばれるわけです。

みつろう　神の御心によってでしたね。

保江　それが最小作用の法則で、それで古典力学の世界……、日常的世界のみならずアインシュタインが見つけた宇宙の運動に至るまで、全部が説明できましたが、量子力学の世界だけはそれがなかったのです。

ファインマンは、元々最小作用の法則を量子力学でも見つけたかったので、作用を使ったけれどもそれが最小になるとは説明できませんでした。その代わりに全ての可能性の経路について、作用を形にしたのを全部足し合わせて積分するという方法を使ったわけです。

みつろう　無限に足すのですよね。

保江　僕が京都大学に入った頃の状況は、こんなものでした。

でも僕は、湯川先生の素領域理論での素粒子の運動を記述する方程式が、このどれかになるということを示して差し上げなくてはいけなかったのです。でも、どれも難しい。

何か他にないのかと探した結果、古典力学の運動方程式の中で唯一残っていたのが、まだ量子力学に使われたことのなかったニュートンの運動方程式でした。

Ｆ＝ｍａ。質量かける加速度は、力に等しいという方程式です。これしかない、けれどもそれも難しいと思っていました。

ところが、アメリカのプリンストン大学のエドワード・ネルソンという教授が、じつはそのＦ＝ｍａから出発してシュレーディンガー方程式を導く数学的な式変形を見つけ、その論文を出し、本にもしていたのです。

「これもやられたか」と思いましたが、読んでみると難しいのです。ネルソンは数学者だから論文もかっこいいのですが、天文学科から大学院で物理学科に行ったぐらいの、当時の僕のような人間の数学知識では理解できないレベルの数学なのです。

プリンストン大学は全米ナンバーワンの大学で、そこの数学の教授が使っている数学だから普通の人間にはさっぱりわかりません。ただ、そこにあるネルソンのアイデアは、「電子・素粒子は空間の中をすんなりとは動かず、揺らぎながら動き、この揺らぎながら動くものを確率過程という。その確率過程として動いている電子が、ニュートンの運動方程式Ｆ＝ｍａを満たす」というものでした。

そして、この二つの条件から、非常に難しい、僕が見たこともないような数学の方程式をたくさん使って、シュレーディンガー方程式を出していました。

「この方程式は難しすぎる」と思っていたところに、伊藤方程式と書いてあるものがありました。正確にはＩＴＯとなっていましたが、これは日本人かなと思ったので参考文献を調べたら、伊藤清という日本人の数学者であることがわかりました。戦争中に確率過程を記述する確率微分方程式というものを発案して、世界中に知られるようになり、戦後はアメリカの大学に引っ張られて一大理論を組み上げた先生です。

だから、ネルソンも知っている人でした。よくは理解できないけれども、この難しい数学の確率論の方程式を変形すれば、電子とか量子が確率過程というもので揺らぎながら動いて、じつはニュートンの運動方程式Ｆ＝ｍａまできちんと満たしている。

それを式変形していったら、シュレーディンガー方程式で記述できることになったのです。数式は追えなかったけれども、論理は納得できました。

でも方程式は全部使われてしまっていて、自分は生まれたのが遅すぎたとがっかりしたのです。

そのときはまだ、素領域理論とネルソンの考えが結びつくなんて思ってもいませんでした。

そうしたら、学内の掲示に、「伊藤清先生、京大に帰還」というアナウンスが出ていたのです。

「あの伊藤清先生か。だったら行かなくては」と、数学なんか知らないのにそのセミナーに行ったわけです。

資料をパラパラ見て、自分がわかるところだけに目を通していたら、明らかに間違っている式の変形があって、赤いボールペンで直しておきました。するとちょうどその部分を伊藤先生が間違ったまま黒板に書かれたので、「このままこの資料を先生が他のセミナーでも使ったら恥をかかれるかもしれない。今ならまだ内部資料だから間に合うな」と考えて、先生にそのことをお話しに行くと、先生も認められて、僕を研究室に連れていってくれました。

僕が、湯川秀樹先生の素領域理論について自分が研究していることをお話し、伊藤先生のお知恵をお借りしたいというと先生は、「じゃあ自分も考えてやるから」といってくださったけれど、その後ご連絡がなかった。

その頃、京大はオーバードクターで、先輩たちは博士を取っても行くところがないとくすぶっていました。僕もこのまま京都にいてもダメだから、初志貫徹でド・ブロイのところに行こうと決心し、留学試験には落ちたけれども、湯川先生の弟分の名古屋大学の高林武彦先生は、日本人で唯一ド・ブロイと共著の論文がある方だからお願いしようと思って、名古屋の先生のご自宅を直撃したのです。

それでアドバイスのままに名大に転入しました。

その後、僕がだいぶ前に3枚だけ手紙を出していたジュネーブ大学のエンツ教授から、今すぐ来れるなら助手として採用してやるという電報が届いて、喜んで飛びつきました。

それで車を買って、飛ばしていたら額の裏に方程式が出てきて、それを元に展開していくと、シュレーディンガー方程式が出てきました。

すぐに数学と物理の二つ論文を書き、数学のほうはアメリカ数学会の一番いい雑誌に、物理のほうはアメリカ物理学会の一番いい雑誌に送りました。

泡から泡に素領域を飛び移っていくこと、これも確率過程、ランダムウォークという数学の概念で記述できます。

頭の中に出てきたのが、今までの地球上、この世の誰もまだ考えていなかった方程式だったので、僕も最初見たときには「何だこれは」と思ったほどでした。

　でも形は、オイラー-ラグランジュ方程式という数学の方程式に似ていて、それをもっと拡張したような感じでした。そのオイラー-ラグランジュ方程式というのは、数学の中では変分学という分野です。微分と積分はみんな知っていると思いますが、その上にある概念が変分です。

みつろう　概念上は、上にあるんですね。

保江　微分というのは、関数のちょっとした変化の仕方です。微分がマイナスならば、関数はグラフが下に向くとかね。それから、関数の下の面積を計算するのが積分です。

みつろう　面積ですね。

保江　変分というのは、この関数とこっちの関数をどう変化させたらそれぞれの関数が区別できるかという、関数の違いを特徴づけるものです。これがどこに使われたかというと、最小作用の法則にです。ある軌道が実現されるのは、この軌道に沿った作用という物理量が一番小さいからです。

みつろう　運動エネルギーマイナス位置エネルギーの時間積分が、この全部の面積ということですね。

保江　そのとおりです。

みつろう　面積が一番少ない経路を通るということですね。

保江　それは、他の経路を表す関数のグラフと比べているわけでしょう。これが一番小さいということ、それを数学で変分というのです。

数学では、他の関数、他の経路のグラフと比べて、例えばこれが積分が一番小さいというような考え方をします。関数と関数を比較して、これが一番面積が小さくなるとか、大きくなるということを決める数学の分野が変分学です。

だから、単なるグラフではない、「こうなるかもしれないけれど、こういう確率でこうなるかもしれない」という確率で変動するグラフについては考えられていませんでした。比べる変分学がなかったからです。

ところが、僕の額に閃いた保江方程式は、普通の経路、普通の関数が他の関数と比べて最小になるということを区別する変分学において、一番基本的なオイラー－ラグランジュ方程式の形に似ていたのです。

「だったら、ひょっとしてこれは、確率的に変動するグラフと、別の確率的に変動するグラフの何らかを比較して、これが最小だといえる方程式なのではないか」と見当をつけました。

その上で計算した結果、シュレーディンガー方程式が出てきたのです。

物理学としてはそれで何がわかったのかというと、素領域から素領域に飛び移るエネルギーを電子や量子だと考えると、保江方程式を満たすということでした。

作用と呼ばれている物理量を最小にするように確率的に動いている、ランダムウォークとはいえ、それは、量子力学の世界に最小作用の原理が戻ってきたのだということになるのです。

つまり、今まではないと思われていた、ファインマンですら狙っても最小になるとはいえなかったそれを、導き出すことができたわけです。

それで物理としては、最小作用の法則が量子の世界でも成り立つということを論文にして、アメリカ物理学会の雑誌にも投稿したのです。

ところが、それを計算するときに、この方程式は、普通の滑らかな関数（＊ここでいう「滑らか」とは、ある関数に対して微分可能性を考えることで測られる。より高い階数の導関数を持つ関数ほど滑らかさの度合いが強いと考えられる）についての大小を決める変分学の拡張になっているから、確率的に変動するグラフについての何かを比較してこれが最小になるということを特徴づける、数学の枠組みを与えることにも気づいたわけです。

みつろう　物理方面だけではなかったのですね。

保江　今までは確定した滑らかなグラフ同士を比較して変分学といっていたのに対して、確率的に変動するグラフ同士を比較して、変分学のような体系を生み出したわけです。

だからそちらを、確率変分学という名前で数学の雑誌に送りました。すると両方とも即刻ＯＫだという返事があって、両方が同時に世に出ました。どちらかというと確率変分学、数学のほうでみんなに褒められました。

みつろう　物理学のほうではなかったのですね。

保江　数学界にとっては、物理学界の３倍ぐらいすごいことだったようです。

みつろう　それはすごいものです。

保江　それまでは、どの数学者も気づかなかったわけですから。変分学はみんなわかっていたのですが、それを確率的に変動する関数、グラフに幅を拡げたのが新しかったのです。

数学者というのは、概念を拡げるというのが一番好きな人たちですから、その論文のおかげで、その頃から僕は数学者とばかり付き合うようになりました。

数学という分野のナンバーワンの国は、いまだにフランスです。だから、フランス語で論文を書く人もいます。

当時、確率論の分野で世界一だった数学者がフランスにいて、その先生が確率論の本も書いていたのですが、その中に僕の論文が引用してあって、べた褒めしてくれているのです。

数学の大先生がべた褒めしてくれたことで、余計に僕の名前が有名になりました。

とはいえ、物理学者たちも、最小作用の法則を量子力学に入れたということで、評価してくれていました。

みつろう　とても先進的なものだったのですね。

最小作用の法則が結んだエドワード・ネルソン教授との邂逅

保江　有名になったのでヨーロッパ中引っ張りだこであちこちに講演をしにいき、どこでもＶＩＰ待遇でおもてなしいただきました。

そしてその後、間もなく日本に帰ったわけですが、日本ではまったく無名でした。

みつろう　海外でしか通用しないのですか。

保江　日本というのはそういうものなのです。

みつろう　量子力学が一般的ではなかったからでしょうか。

保江　そうかもしれません。仕方がないので、知人のつてで東芝の研究所で１年だけお世話になって、その後、岡山のノートルダム清心女子大学に無事採用されました。

みつろう　法皇様に手紙を書いていただいたおかげですね。

保江　それからは、女子大ということもあってのんびりしていましたが、2回ほど、アメリカに行くことになりました。

1回目は西海岸のカリフォルニアで、2回目は東海岸、ニューヨークの南のウエストバージニア州にあるラドフォード大学で開かれた研究会に出席したのです。

ウエストバージニア州には一週間滞在したのですが、あまり面白い研究会でもなかったので、プリンストン大学があるニュージャージー州まで行ってみようと思い立ちました。地図を見ると、朝に出発したら夕方には着きそうに思えたのですが、いうは易しで、実際はとんでもなく遠かったのです。

量子力学のブラックボックスについていろんな考え方が出ていた中で、ファインマンもシュレーディンガーも、ハイゼンベルクもディラックも亡くなって、唯一生きていたのがプリンストン大学のエドワード・ネルソン教授でした。ニュートンの運動方程式F＝maから出発した人です。

だから、「この人にせめて会っておきたい。これがラストチャンスだ」と思い、レンタカーでプリンストン大学まで行ったわけです。

なんとか夕方4時頃にプリンストン大学に着きましたが、もちろんアポなしでした。数学教室を探し当てると、ネルソン教授の研究室の番号が書いてあったので行ってみたのです。

電気がついていてなんとなく在室中のように見えたので、恐る恐るノックしたところ、「Come in」という声が聞こえてきました。

ドアを開けて入ると、白い髭を蓄えた背の高い白人の先生がいて、論文は読んだけれども顔は知らなかった僕が、

「ネルソン教授でいらっしゃいますか」とカタコトの英語で聞いたら、

「そうだよ。君は院生かね、学生かね」と聞かれました。

その頃の僕は30代後半ぐらいで、しかも東洋人だから若く見えたのだと思います。そこで、

「僕はクニオ・ヤスエといいます」といった途端に、

「えっ」と驚かれました。僕の名前を知ってくれていたのです。

みつろう　すごいですね、それは。

保江 「君はドクター・ヤスエか」と聞かれたので、

「はい、アポもなしで来てしまって、すみません。でも、ぜひ先生に会っておきたくて」というと、大歓迎で席を勧めてくれて、ニコニコしながら話し始められたのです。そして、

「君の論文はセンセーショナルだ。君の論文の最後に仏陀について書いてあったが、あれが大好きなんだ」というのです。

僕はそんなことを書いた覚えがなかったので、

「仏陀についてなんて、書いていませんよ」といいました。ネルソン先生が僕のことを知っているわけないし、別のヤスエと勘違いしたのかなと思って、

「その人は僕とは違います」というと、

「いや、君だよ」と、立ち上がってキャビネットを開けて、アルファベット順に並べてある論文の中から、僕の論文を引き出しました。

それは、僕がアメリカ物理学会に出した論文で、最後のページを開いて、

「ほら、ここに書いてあるだろう」と見せてくれたのです。

そこには、こう書かれていました。

「それまで存在しないと思われていた、量子力学における最小作用の法則をついに見つけた。モーペルテュイが最初にいったように、本当に神は、この世界のあらゆるものについて作用というものを最小にするように動かしてくれている」

そして、論文の結論の1行に、僕は生意気な一文を付け加えていたのです。

モーペルテュイが神と表現したのに対して、僕は日本人で、当時はキリスト教のキの字も知らなかったから、仏陀に登場してもらいました。英語で、

「Thus nature controls everything as Buddha recognized a long long time ago.（かくのごとく、お釈迦様が大昔に気づいたように、自然界は全てのものをコントロールしている）」

と書いていたのです。

コントロールというのは、作用が一番小さくなるように制御しているという意味です。

ネルソン教授は、「これが一番気に入っているんだ」といってくれたのです。

駆け出しのくせにそんな生意気なことを書いて締めくくるぐらい、僕は興奮していたということですね。普通なら、ノーベル賞を受賞した先生ぐらいしか、そんな偉そうなことは書けないのです。

それを堂々と書いていた（笑）。

ネルソン教授が、それを金科玉条（きんかぎょくじょう）として覚えていてくれたところに、それを書いた本人が突然訪

ねてきたので喜んでくれたわけです。

10分ほど話をしたのですが、先生はその後、院生の指導があったので、よかったら今夜うちに食事に来ないかとメモ用紙にご自宅のアドレスを書いてくれました。

みつろう　保江先生はノーアポで行っても、なぜか毎回会えますよね。

保江　その日は日帰りする予定だったから、一瞬どうしようかと思ったのですが、「これは大チャンスだ」と思い直してうかがいました。

そうしたらやはり、若い奥さんがいました。二番目の奥さんで、娘さんかと思うぐらい若く見えました。ハグしてくれて、ご主人であるネルソン教授が興奮しながら、「あのヤスエが来る」といっていたと話してくれました。

みつろう　先生もウルウルするぐらい、感動的な食事だったことでしょうね。

保江　だって、唯一会えた人ですからね。

みつろう　ブラックボックス解明委員会が5名いて、他はみんな亡くなっていますからね。

保江　しかも、僕のことを覚えていて、仏陀を引用した傲慢なセリフを一番気に入ってくれたのですよ。

それで、夜の10時頃においとましましたが、それからラドフォードまで7時間くらいかけて帰らなくてはいけない。ワインも飲んでいるし、眠くなっていました。

みつろう　泊めてくださいとお願いすればいいのに。

保江　それは緊張してしまって無理でしたね。

それで、酔いも冷めた時分にニュージャージーを出て、ワシントンD.C.に着いた頃にはもう限界だと思って、モーテルに泊まることにしました。

アメリカのモーテルは、空いていればVacancy、満室ならSold Outというネオンサインが出ています。幸いにもVacancyと出ていたモーテルがあったので、駐車場に入っていったのです。

じつは、そのときは大雨でした。ニュージャージーを出たときには小雨程度だったのですが、だんだん雨が強くなって、ワシントンD.C.に着いた頃はもう、どしゃ降りになっていました。時刻は深夜2時過ぎです。

モーテルの駐車場につけて、びしょ濡れになりながらカウンターがある事務室に歩いて行こうとしたそのときです。一台の車がシャッと現れて、事務室の真ん前に停まりました。運転席からは白人の中年男性がサッと出てきて、僕より先にカウンターに着きました。

その男性が、部屋はあるかと尋ねるとスタッフが、

「あんたはラッキーだな、ラストワンだ」というのです。それだと、僕は部屋が取れないことになります。

ところが、僕が大雨の中、入ってきたのをチラッと見たその男性は、

「じゃあ、あいつにやれ。あいつのほうが先に駐車場に入って、ちゃんと車を停めてから来た。俺は先にカウンターに来たけれど、この事務室の前に車を横付けしたから、あいつのほうが先だ。そのラストワンの部屋は譲る」といって、僕に、

「Good night!」といって去っていったのです。

なんとかっこいいのでしょう。僕はそれを見て、「アメリカ人ってすごいな」と見直したのです。日本でもそんなことはなかなかない。早いもの勝ちになるでしょう。

そのラストワンの部屋をもらって充分に眠ることができて、翌日には無事にラドフォードまで戻れました。

こんな風に、いいことづくめの一日だったのです。

ネルソン教授に会えて、食事にも誘われ、帰りには古き良きアメリカンスピリットを体験させてもらい、アメリカが大好きになりました。


その後、僕が渋谷の国連大学で国際会議を主催したとき、ネルソン教授もお呼びしたらその若い奥さんも連れてきてくださいました。会議が終わった後に、

「ぜひお礼に、京都にご案内したい」というと、

「行ったことがないからぜひ」とおっしゃったので、京都のいろんなところを観光しました。これが、僕の一番の思い出です。

哲学の道をネルソン教授と僕が二人で歩いているのを、奥さんが写真に撮ってくれたものをお見せしますね。

その後も、アメリカの研究会でネルソン教授に何度か会いましたが、残念ながらしばらくして亡くなられました。

哲学の道でネルソン教授と保江邦夫博士

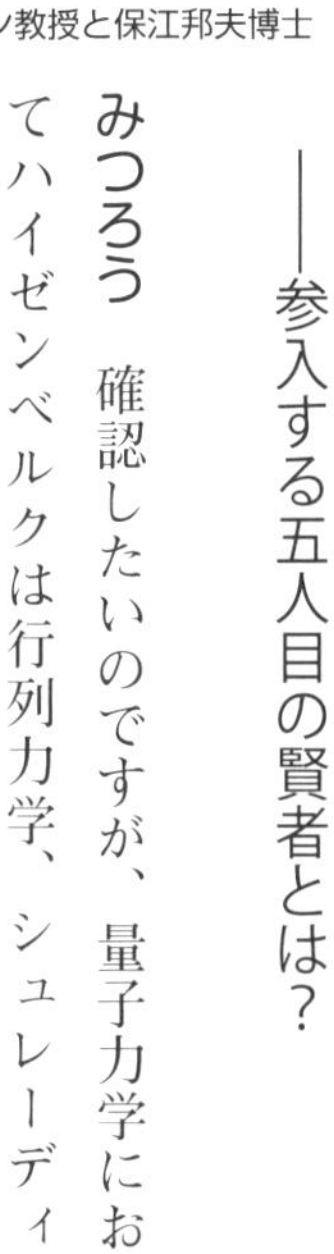

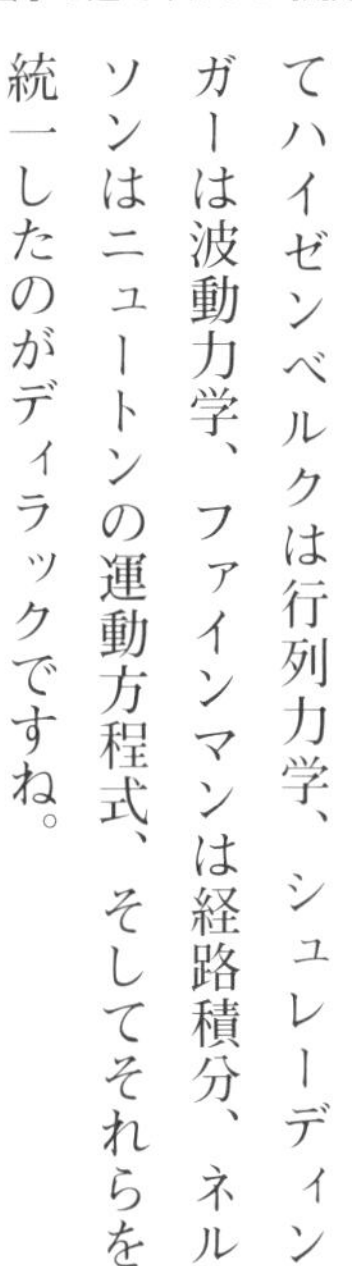

量子力学の枠組みを確立した四天王
——参入する五人目の賢者とは？

みつろう　確認したいのですが、量子力学においてハイゼンベルクは行列力学、シュレーディンガーは波動力学、ファインマンは経路積分、ネルソンはニュートンの運動方程式、そしてそれらを統一したのがディラックですね。

保江　ディラックは統一しただけですから、普通はグループから外します。

みつろう　そういうものですか。でも、先生の一番のお気に入りはディラックですよね。

保江　彼はかっこいいですからね。確かに僕のお気に入りはディラックですが、古典力学を利用して量子力学の四つの枠組みを作ったのは、ハイゼンベルク、シュレーディンガー、ファインマンとネルソンです。

みつろう　先生は五人目になるのですね。

保江　僕は最後の五人目として、最小作用の法則が量子力学にも成り立つということになる記述を見つけました。

つまり本当は今、五つあるのです。

最初はハイゼンベルクで、彼は行列力学を生みました。その元となった古典力学はハミルトンの運動方程式です。

波動力学を生んだのがシュレーディンガーで、これの元となったのはハミルトン - ヤコビの運動方程式。ファインマンは運動エネルギーと位置エネルギーの差の時間積分を使った人です。

そして、本当はそれが最小になるといいたかったけれど、そうはなりませんでした。ただ、量子力学の枠組みは作りました。

続いて四番目がネルソンで、ニュートンの運動方程式から出発して量子力学の枠組みを作りました。

みつろう　この四名については、先生が東北にいる頃にすでに知られていたのですね。

そして最後に、保江先生が五人目として入ってきた。

保江　僕としては、そんなところに入りたいとも思っていませんでした。ただ、湯川先生を世界的に認めさせるような枠組みを作って差し上げたかっただけです。

そうしたら、なぜか閃いた方程式が、変分学というか最小作用の法則に関連する方程式だったために、ひょっとして最小作用の法則が証明できるのではないかと思って計算してみました。

すると最小作用の法則も使えて、確率変分学の体系を作り上げ、そこから出発してシュレーディンガー方程式が出てきて、全部つながったわけです。結果、最後の五人目に入ったというわけです。

みつろう　量子力学の学界などにおいても、枠組みを説明できるのはこの五つということになっているのですか。

保江　それらをディラックが量子力学としてまとめて、ほとんどの物理学者はそれを使っています。

ファインマンはノーベル賞を受賞したから有名で、ファインマンの経路積分は一般的によく使われています。しかも素粒子論では、じつはファインマンの経路積分が一番使いやすいのです。

ファインマン・ダイアグラム（＊場の量子論において摂動展開の各項を示した図）という図があ

るでしょう。あれは、ファインマンが考えたのです。
だから現在、素粒子論で量子論を使うときに、量子力学だろうが場の量子論だろうが、一番多く使われるのはファインマンの経路積分です。
ほぼファインマンといってても過言ではないですね。

みつろう 行列も波動も、それほど使われていないのですね。

保江 計算が面倒ですから。それに、ネルソンはほとんど数学者でしたからね。

みつろう 物理に関係していないのですね。

保江 物理学者からは、余計なことをいうなという目で見られ、どちらかというと煙たがられる存在でした。

みつろう 量子力学のブラックボックスというのは、量子力学のミクロの世界を説明するツールですよね。

保江　ツールボックスともいえますね。

みつろう　電子などの量子の運動を解明したのが五人。

保江　統一した天才、ディラックも入れると六人ですね。これが全てなのです。

みつろう　これ以外に、入ってくる可能性はないということですか。

保江　もうツールがありませんから。古典力学にはツールが残っていない、つまり出発点がもうないから、これ以上にはならないというのが現状です。

互いにイコールの関係性である五つの理論(ツール)

みつろう　ここまで、「量子力学とは何か」についての詳しい説明と、量子力学を構築してきた人たちのエピソードなど、とても面白い話が聞けました。

では、二重スリットの話などの不思議議系と、湯川先生、保江先生の素領域理論を使って、人生をより良い方向に向かわせられるような方法はありますか。

保江　それでは、これから二重スリット実験を引用しつつお話ししていきます。

量子力学のツールボックスの中には、ハイゼンベルクの行列力学、シュレーディンガーの波動力学、ファインマンの経路積分、ネルソンのニュートンの運動方程式、保江の最小作用の法則、この五つがあります。ツールボックスの道具をまとめたディラックは、ここでは脇に置いておきますね。

みつろう　保江先生、こんな人たちと肩を並べられているなんて、かっこいいなぁ。僕は今、本当にすごい人に会っているんですね。

保江　ありがとうございます。じつは、量子力学を語るときには、そのうちのどのツールを使ってもいいのです。互いに数学的に関連付けられていますから。

みつろう　互いに等式で結ぶことができるのですね。展開していけばみんなイコールになると。

保江　そうです。行列力学と波動力学が同じということは、シュレーディンガーが証明しました。経路積分とシュレーディンガーが同じだということは、ファインマンがストリップ劇場で閃きました。

ネルソンはニュートンの運動方程式から出発して、シュレーディンガー方程式を導き出しました。保江の最小作用の法則でも、確率変分学を用いてシュレーディンガー方程式まで出せました。だから、全部つながっているわけです。

ただし、それぞれに特徴、長所と短所があります。ツールというのは、例えばねじ回しはねじ回しの特徴、スパナはスパナの特徴、ペンチはペンチの特徴があるでしょう。

みつろう　用途に応じて使いわけないといけませんね。

保江　上手に使わないと損なのです。シュレーディンガーの方法を水素原子のエネルギー準位を出すのに使うのは簡単で、シュレーディンガー方程式を解けばいい。

ところが、ハイゼンベルクの行列力学では誰も解けなくて、厳密にはパウリにしか解けません。

だから、誰でも簡単に使えるツールのほうがいいわけですよ。実際、物理学者は使い分けてきています。

経路積分は経路積分で、ファインマンの方法に使いやすい部分があって、それはだいたい素粒子論ですね。

みつろう　素粒子物理学においてということですか。

保江　そうです。

みつろう　CERN の人たちは、みんなファインマンを使うのでしょうね。

保江　ほとんどそうです。このように、使いやすさが少しずつ違うのです。

最小作用の法則を満たす条件下で顔を出す「可能性の悪魔」

保江　そしてその先に、二重スリット実験があります。

みつろう　みんな大好き、二重スリット実験ですね。

保江　最初は、シュレーディンガー方程式を使うシュレーディンガーの波動力学しかありませんでした。

ハイゼンベルクの行列力学もあったけれど、行列力学では、一体どうやって説明するのというくらい見当もつかないような理論でしたから、このツールは使われませんでした。

シュレーディンガーの波動力学では、波が発生して、二つのスリットからそれぞれ波が出て重なって、重なりが強い所に電子が行っているという説明が成り立ちました。

そこにファインマンの経路積分が出てきて、右のスリットを通った量子の経路の指数関数の上に、ラグランジアンを時間積分した値を乗せて、左のスリットの経路も同じように計算して両方を足します。

それで絶対値の2乗を計算すると、スクリーン上に電子が到達する確率が計算できるという考え方です。結局、これが一番簡単だったのです。波ではないんですね。

ファインマンが作った量子力学の教科書がありますが、そういう方法で二重スリットの説明をしています。

ある経路と他の経路で同時に行って、ある経路に沿って行く確率振幅を足し合わせて絶対値の2乗を計算すると、電子銃から電子が1個放たれて、二重スリットを通過してある地点に来る確率が計算できます。確率が高ければそこの地点に着き、確率が低いところにはあまり着かないので、まだら模様になるのです。

ファインマンの経路積分を使うと、一番計算が楽です。スリットが二つ、つまり二つの経路しかないので、あらゆる経路を足すという手間暇がないですから、足し算が簡単でしょう。

スリットの片方を閉じていると一つの経路しかないので、今度は足し算もありません。一つの経路について絶対値の2乗を計算すると、ある地点のみ確率が高く、あとはほとんどゼロになるので、必ずそこに来るという説明になります。

これがファインマンのツールです。でも、不思議さはなんとなく消えていますね。

みつろう　僕が思っている二重スリットはもっと違うものなのですが……。

それは、計算で表されたんですね。

保江　ファインマンの経路積分というのは、計算手段なのです。行列力学も、元々は計算ができればいいという考え方でしたが、このスリット実験の計算すらできないのです。だから使われていません。

波動力学では計算もできますが、シュレーディンガー方程式を解くという計算ですから少々難しく面倒です。ただ、背後の物理的イメージは出てきます。

波が出ていって重なり合うという光の実験、ランプでもできる干渉縞の二重スリットの実験に、イメージが一致しています。だから、ツールとして波動力学を使うと、なんとなく物理学的な説明になります。ファインマンの経路積分は本当に、一番簡単に計算できる道具なのですが。

では、僕の考えではどうなるのかをお話ししましょう。

みつろう　保江理論ですね。

保江　電子が二つのスリットのどちらかを通るとき、素領域から素領域に飛び移りながらランダムウォークで動いていきます。スリットのどちらかを通る確率過程という量子の動きに沿って作用というものを計算します。その作用が最小になるという結果は、現実に起きています。

だから、一発の電子を撃つと左右どちらかを通って、とにかくどこかにポコンと当たり、その作用は最小になっている。もう一発撃つと同じようにどちらかを通り、またどこかにポツンと着き、その作用も最小になっている。

このように何発も撃っていくと、スクリーンには着弾点のパターンが出てきます。それがやはり縞模様なのです。

どの地点に着弾した電子についても量子についても、素領域から素領域にぴょんぴょん飛び移っていく、その経路が持つ作用という物理量は最小になります。

だから最小作用の法則が成り立って、それゆえに縞模様ができ、何個も撃っていけば到達確率が高いところもあれば低いところもできます。それは、最小作用の法則が成り立っているからです。

例えば、右のスリットが閉じられている場合は、必ず左側の開いているスリットを通ります。その場合も右のスリットが閉じているという状況下で作用を最小にしています。次の電子を撃っても同じく作用は最小になっていて、やはり同じような地点に着弾します。

このように、最小作用の法則が示す電子の着弾点はある一点に集中するだけなので、面白くないでしょう。ところが、じつは面白いのですよ。

みつろう　面白いのですか。全部計算はできるのですよね。

保江　計算もできますが、面白いのです。

右のスリットを開けて、右も左も開いている状態にするとどうなるのか。シュレーディンガーの波動力学では、両方開けたら両方から波が通過して、スクリーンに縞模様ができるといっています。

僕は、電子一個が両方のスリットを同時に通るということはなく、必ずどちらかを通ると考えています。でも左側を通ったときにも、右が開いているというだけで、着弾点が散らばるのです。右が閉まっているときには、着弾点は散らばりません。

これは、最小作用の法則によるものです。

当たり前だろうと思うかもしれませんが、よく考えてください。右が開いているときに、波動力学では、開いている右からも波が同時に通るから縞模様ができるというのですが、僕の考え方では、たとえ右にスリットが開いていても、左を通るときに右を閉めてしまうと着弾点はブレない。でも、右が開いているときに左を通った場合には着弾点がブレるのです。

どちらも最小作用の法則を満たしているのに、何が作用しているのでしょう。

これは、高林先生が可能性の悪魔と呼んだものです。右のスリットが開いていて、電子は左を通って行ったとしても、右のスリットを通る可能性もあったわけです。可能性が残っていて、その可能性が影響を起こしているという考え方です。

右を閉じてあれば、右を通るという可能性はゼロになります。

右を開けていれば、左を通過した場合でも、右を閉じていて左を通過したのと結果が違うわけです。どちらもが作用を最小にしているにもかかわらず、結果が違う。

では何の影響で結果がブレているのかというと、右のスリットが開いていたか、開いていなかったか、この差だけでしょう。右を通れるかどうかの可能性が、結果に影響を与えているのです。

哲学的には、これが一番面白いですね。可能性がある、ないで結果が影響を受けるのですから。

例え話で説明すると、僕がとても貧しい家に生まれて、父も酒乱で教育にまったく興味がない場合、東北大の天文学科に行けたり、外国に留学できる可能性は皆無でしょう。それは決まったパス、道です。

ところが、父が普通にお金がある人だったら、可能性はあります。実際、僕は高校の成績も悪くて、とても大学に受かるわけもないと進路指導の先生にいわれていましたが、それでも、とにかく受けるだけ受けさせてくださいとお願いして、結果、受かったわけです。お金がまったくなければ、東北に受験にさえ行けなかったでしょうし、父が教育にまったく興味がなければ、僕も大学に行くような育ち方はしていなかったでしょう。

つまり、答えは違うわけです。

だから僕は、可能性がある状態とない状態ではおのずと結果が違うと思っています。それを高林先生は、量子力学の本質ということで、常にこうおっしゃっていました。

「波動関数は確率解釈で確率云々というけれど、物理学者も間違っている。その確率という意味は、いわゆるサイコロを転がすときの確率ではなく、可能性なんだ。可能性が、実験結果を左右する。現実の古典力学等では、可能性は何も影響を及ぼさないことになっている」と。

日常的な議論で、「可能性について議論してもしょうがない」などというでしょう。ところが、量子力学の面白いところは、可能性があるのとないのでは大違いだということです。

そこが、我々の希望になるのです。

はなから諦めて、「どうせ私なんか……」とか、「いつまでもこのままだ」と思っていては、可能性すら閉じている、つまりスリットを閉じているようなものなのです。

どうせ左のスリットを通るとしても、右の可能性も捨てないでとにかく開けておくのが大事なのです。そうしたら、たとえ左側を通っても右の方向にブレるということが起きます。

そこが面白いところであり、二重スリット実験の本当の醍醐味なのです。

この次元を超越した因果律を断ち切る存在

みつろう　観測の対象者についての問題はどうでしょうか。

保江　自分が観測することで状況が良くなる、悪くなるというのは、いい加減な話なのです。可能性を残すほうが大事です。

もちろん、ブレる場合には、良い方向ではなくておかしな方向にブレる可能性もありますが、少なくとも常識的な方向にしか行かないと思って他の可能性を閉じたら、常識ある方向にしか行きません。

例えば女性に、いつかは白馬に乗った王子様が現れるなんて夢を見る人もいますが、その可能性を残しておけば、量子の世界では本当に王子が現れるほうに行くこともあるわけです。

そこに、希望を持って欲しいのです。

だから、可能性を捨てるな、希望を持てといいたいですね。

みつろう 世の中には無数の可能性がある、ということでいいのですか。

保江 僕の理論でいくと、最小作用の法則を満たすように電子は飛んでいきます。

みつろう では、決定論に近いのでしょうか。

保江 でもランダムウォークだから、どう飛んでいくかはわかりません。そのランダムの大きさは、質量に反比例します。

みつろう 重ければ重いほどランダムさが少なくなるのですね。

保江 だから、大きさがあるフラーレンはあまり揺れません。

みつろう　数式上、重い物質になるほどランダムさがなくなるということですね。僕らなんてランダムさのかけらもないのでしょうか、こんな巨視的なものは。

保江　古典力学の最小作用の法則では記述できます。

みつろう　数式でわかっているんですよね。

保江　質量が小さければ小さいほど、揺らぎがランダムになります。

みつろう　とても小さいものは、どこに行ってもいいぐらいだけれども、重たい物になれば安定してくるのですね。

保江　最小作用の法則は、どちらも満たしています。どっちつかずのものはフラーレンぐらいです。

みつろう　それは、質量の数値的にということでしょうか。

保江　フラーレンがちょうど境目なのです。ある程度はランダムの要素が残っていますが、電子などに比べると少ないのですね。
フラーレンは、電子顕微鏡で動画として見ることができます。つまり、左だけ通っている瞬間を見ることができるから左側を通ったとわかりますが、揺らぎがあるから、最小作用の法則に基づいて左側だけを通っていたとしても、着弾点には縞ができます。

みつろう　左側だけを通っているのに縞になる……。
例えば、二重スリット実験をボーリングの球でしてみるとして、球を投げたらどちらかを通りますね。ボーリングの球は二つに分かれることはないから、どちらかに行きます。

保江　重いからね。そのボーリングの球がどんどん軽くなっていくと、ランダムさが目立ってきます。

みつろう　ランダムさが重要で、それが縞模様を作るのですね。

保江　結局、そうなのです。ランダムさ、プラス最小作用の法則です。

みつろう　フラーレンくらいに大きくなると、縞模様の幅は狭くなるのですね。

保江　狭く、色も薄くなります。

みつろう　ボーリングの球になったら、もう縞ではなくて点になると。

保江　縞はなく点、そのとおりです。フラーレンでいくと、線ですね。

みつろう　フラーレンだったら3本縞ぐらいしかできないですよね。電子だったら100本とかできますが。

それは単純に、物質の違いによるブレですか。

保江　観測するときの縞模様のブレが発生するのは、両方のスリットが開いているときのみです。

それは、「可能性の悪魔がブレさせる」のだと高林先生も僕も考えます。可能性の悪魔が、左側のスリットを通過した電子に、かなり大きなブレを与えます。

その揺らぎ自身は、右が閉じていても起こり、ふらふらしながら進むのですが、その場合は極端に大きくはブレないから着弾点は一ヶ所に集中します。

でも右を通る可能性があったときだけ、量子揺らぎという、いろんな方向に散らばる結果になります。

だから、観測結果に可能性が影響しているのです。

みつろう　観測結果が一つなのに、それに対して過去の可能性が影響してくるのですか。

保江　そうです。

みつろう　物理学者は悪魔という言葉が好きですよね、ラプラスの悪魔とか。

保江　そうですね。「マックスウェルの悪魔」というものも、古典力学にありました。

「右から来る原子と左から来る原子を観察したときに、悪魔がいると、右から原子がきたときだけ穴を開けて通して、左からきたら閉じるので、だんだんと左ばかりに集まるようになるのではないか」とか、物理学者はそういう議論が好きなのです。

みつろう　ラプラスの悪魔は、「ある瞬間における全素粒子の運動方向とエネルギーさえわかれば、ラプラスの悪魔は、未来永劫、起こることが予想できる」というものでしたっけ。

保江　初期条件を決めれば、未来はすべて予想できるというのがラプラスの悪魔です。

それは、古典力学世界では当たり前のことです。

みつろう　決定論ですね。

保江　そうですね、決定論です。

みつろう　だからもしインフレーション（＊宇宙誕生直後の急膨張）が始まったのだとしたら、その瞬間に全宇宙の未来は決まっているという考え方ですよね。

保江　それはラプラスの悪魔ではなくて、当たり前のことです。

みつろう　これをラプラスの悪魔というのではない……。

保江　違いますね。

みつろう　ラプラスさんが、条件などのすべてを知る悪魔がいたらどうなるだろうかといったわけですよね。

保江　そうです。ラプラスの悪魔というのは、独立しているものであって、未来永劫に決まっているものの中には入っていません。関係ないのです。

みつろう　それだったら、なんでもありの切り札、ジョーカーみたいなものですか。

保江　そう、ジョーカーです。

マックスウェルの悪魔では、未来永劫まで決まっている動きの全ての中で、球が右から来たときには間の仕切りを閉じて、反射させて向こうに返す。未来永劫に決まっている中でも左からくるのもいるから、そのときには悪魔がわざと仕切りを開けます。

するとそれは別の方向に行きます。つまり、悪魔というやつが介入するからそうなるわけです。でも、自然界ではそうしたことは起きない。起きないということは、悪魔はいないんだよ、というようなことをいったのがマックスウェルです。

みつろう　そもそも悪魔は、この物理次元に存在していないという前提なんですね。

保江　だって、悪魔ですから。神とか悪魔はこの次元を超越した存在ですからね。

みつろう　悪魔が観測者ということもいえますか。

保江　これは例え話であり、思考実験なわけです。だから、悪魔ではなく観測者といってもかまいません。観測者がいて、左から電子が来たときにはスリットを開け、右から来たときには閉じ、左から来たものが右のほうにたくさん溜まったら、例えば猫が死ぬような仕掛けを作っておくとかね。シュレーディンガーの猫の議論は、それでもよかったわけです。

観測者イコール物理学者でもいいし、悪魔でもいいし、つまり、この現実の実体世界の外にいるものであれば何でもいいのです。

だから、アブストラクトエゴという概念も生まれた。悪魔だって、物理次元にはいないわけですから。

みつろう　いないものの話をしているんですね。

保江　もしそういうのがいれば、こんなことが想定できる、というだけの話なのです。だから悪魔という言葉は、因果律はあるとかないとか、そういった議論をして遊ぶときに使っていました。

みつろう　因果律がなくなる証明にこの悪魔が使われたそうですが、その理由が僕にはわかりません。

「もしも悪魔がやったら、片方にだけ球が溜まる。だから因果律なんてない」

この思考実験はそうなりますか？

保江　そうです。だって因果が切れているでしょう。因果律でいえば、ある方向に行かなくてはいけないところを悪魔が因果を切っているのです。

みつろう　それはわかりますが、思考実験とはいえ、悪魔も物質の塊ですよね。

保江　悪魔は宇宙を超えているのです。

みつろう　宇宙を越えているやつがいたら、因果を切ることができるということでしょうか。

でも、実際にはいませんよね。

この宇宙にある全ての粒子を小さなビリヤードの球だとすると、インフレーションが始まった瞬間、つまり、僕が最初に白球を突いた瞬間に、どこに球が行くかが決まっているはずです。

これは当たり前の話で、これを因果律、または決定論という。

マックスウェルがそれに対して思考実験を持ち出して、例えば悪魔というものがいて、「それがこうしたら、ボールがある一ヶ所だけに集められるぞ」といっても、悪魔自体が実際はいないのですよね。

保江　いないけれども、「もしいたら、こうやって因果律を切っていって、するとある一点に固まるよね」という主張です。

みつろう　そういう思考実験なんですか。なんだか浅いというか……。この思考実験によると因果律はない、ということですか。

保江　いいえ。物理学者たちは、因果律はあるといいます。ないとしたら、現象なんてありえない、起きていないと。

「同じ条件下なら、いつまで経っても同じものしかないよ。つまり、悪魔なんていないんだよ」ということです。

みつろう　いないイコール、因果律で宇宙は動いている、ということでいいんですね。

「因果律はない」ではなくて、「因果律なんだよ」ということで。

可能性の悪魔が生み出す世界の「多様性」

保江　ところがもっと奥が深くて、さらに面倒なものが出てきたのです。

ポアンカレというフランスの数学者が、ニュートンの運動方程式を元にきちんと計算して、「ポアンカレの再帰定理」という、定理を証明してしまったのです。

みつろう　強いですね、定理とは。

保江　「長い時間見ていると必ず偏(かたよ)る」という証明です。

「中途半端な時間だけ見ていると、悪魔は絶対にいないように見える。けれど、ずっと時間が経って極限まで見ていたら、いつのまにか偏ってしまっている」、そういうことを証明してしまいました。

それを、「ポアンカレの再帰定理」といいます。みんなそれを聞いて驚いたのですが、数学者がいったことだからとあまり本気にしませんでした。

でも、僕は数学者とつながりが多かったから、数学者の証明した内容というのを重視していました。証明となると、それには逆らえないのです。

だから恐ろしいことに、いつか偏ってしまう状態、例えば仕切りがあったとして、向こうの部屋の空気がなくなって、こちらの部屋にしか空気が残らないという状態が実現します。

つまり、悪魔はいるということになるのです。

でも、それは常識的にはありえないだろうと普通は思うわけです。有限の時間だけを見ていたらありえない。

それももっともな意見なのですが、運動方程式とか理論で考えて、数学のみで攻めていくと、そんな異常なことが普通に起きると証明されます。

それを見ていると、量子力学の観測問題と称するものも、数学的にきちんとやろうとすると答えは出ないのです。物理学的に適当に、このツールを使うときはこの辺で手を打てばいいとか、そういう感じの答えはなんとなく出せます。


スリットであれば、右が開いているから結果がブレる、最初から閉まっていればブレません。開いているということは、つまり、可能性がキーポイントだったわけです。

それで高林先生と僕は、マックスウェルやラプラスの悪魔になぞらえて、可能性の悪魔と呼んだのです。

この言葉は、高林先生が最初にいい出されて、僕もそれはいいネーミングだと思いました。

古典力学での概念を知っている人たちには、可能性の悪魔はマックスウェルやラプラスの悪魔をもじったものだなとすぐピンと来るからです。


要するに、古典力学ではマックスウェルの悪魔はいないという考えが常識になりましたが、量子力学ではマックスウェルの悪魔に対応するような可能性の悪魔というやつがいて、こいつが口出しする、茶々を入れるといわれています。

これは、量子力学の解釈の中で一番素直なもので、高林先生の発案です。

だからみつろうさんのように、自分が観測したときに世界が作られるとお考えになりたいのもわかります。現実世界はあるけれども、確かにそれは観測したときに決まっている。一つの現実が生まれている。

それが、量子力学の二重スリット実験でも様々に影響を及ぼしている……、つまり、影響しているのは観測者かというと、僕はそうは思いません。

なぜなら、観測者が影響しているといったら、天才フォン・ノイマンですらアブストラクトエゴ、抽象的自我などを持ち出さないといけなくなるからです。

ところが、高林先生の可能性の悪魔というのは、人間の主体、人間の魂というか意識、そんなものが影響しているわけではないのです。ただ、何かが影響して、予想していなかった答えにはなっています。

それが何かというと、可能性です。悪魔というのは可能性なのです。

では可能性とは何かと考えると、観測者がいるときに、可能性があるのとないのとでは大きく違います。

先ほど述べたようにお金がない家だったら、僕は絶対に大学を諦めていましたが、そうではなくて、希望があるときには奇跡も起きるわけです。

物理学の量子力学の世界でも、可能性が残っているときには奇跡というか、古典物理学的にはありえないことが起きます。そこがいいのです。そこが、僕が量子力学を好きなところです。

物理学としていえるのはそこまでですが、じつは僕は、もう少しいいたいことがあります。

みつろう　物理学とは関係ない話としてですか？

保江　物理学の延長線上にはなります。ここまでを自分で切り開いて見つけた、この物理学者である僕がもう一歩進み出て、いいたいのです。

アブストラクトエゴでも、神様でも悪魔でもいい、可能性というものが残っている状況と、可能性がまったくない状況では、可能性があったほうが、そのときに生まれる結果、実現する世界がものすごく多様になるのです。

いろんな展開、オプション、そうしたものが生まれるのです。

みつろう　選択肢ですね。

保江　たくさんの選択肢が生まれて、その中の一つが実現するのです。

その一つを自分の意識や念とかで引っ張り出すことはできませんが、ありきたりの普通の現実以外の世界も実現させることはできます。コントロールはできませんが、面白みのない常識的なものから外れる結果を生むことはできるのです。

人がハッピーになるには、これで充分ではないでしょうか。

１００万円欲しいと思って宝くじを10枚買った場合、もちろん１００万円が当たる可能性はあります。実際にほとんどの場合が外れ、戻りは３００円なわけですね。とはいえ、１万円、10万円もらえるような結果になるかもしれないし、高額宝くじだったら、何億にもなるかもしれない。

結果はわからないけれど、そもそも宝くじを買っていないと何も当たらないわけです。

買うという行為が可能性を生む。この現実の中で可能性を残していれば残しているほど、現実が多様になる。これは哲学的にもすごく楽しいし、気持ちが豊かになることだと僕は思いますが、どうでしょうか。

デタラメな世界が可能になる次元がある？

みつろう　そうですね。本当にそうだと思います。希望を与えられますし。僕は、そもそも観測者に自由意志はないと思っています。僕が今、見る者としてここにいて、見られる物がここにあって、現実として現れていますけれど、それを僕が選べるとは思っていません。僕がこの後、何か思考することで変わるとも思わない。全ては決定論の中であって、全体というものは全体としてあり、無限個で重なっているわけですよね。

保江　可能性はね。

みつろう　今、同時に重なっていると思っているので、僕が次に何かを思うことで、こう変化するという思いはないです。

全ての瞬間にただ僕が見る者で、見られる物と真逆であり、ダイヤモンドが欲しい者だとしたら欲しがられるダイヤモンドという物があるし、車が欲しい者がいれば欲しがられる車がある。全部プラスとマイナスの関係がある、そういう分離が起こっていますね。

例えば、点はゼロ次元ですか。

保江　ゼロです。

みつろう　では、線は1次元でよろしいですね。

保江　そうです。

みつろう　線が1次元だとして、線を何本も書いていったら2次元になるかというと、ならないはずですよね。

保江　1次元がたくさん並行してあるだけですね。

みつろう　なぜかというと、1次元には横行きがあってはいけないからです。1次元の線に横行きがあったら、それはその時点で面になってしまう。

だから僕たちは、プラトンもイデア論でいっているように、ここに本質的なものはなくて、僕たちが考えている線というのは実現ができないはずなのです。なぜなら、僕らが描く線には横幅があるから。

プラトンのイデア界（＊人間の認識の背後にある、完全な真実の世界をイデア界とし、その影が現実にあると考える観念論）という完璧な世界というのがありますが、僕たちはその一部しか見えないし、完全な正三角形は完璧な世界にしかないよといいます。実際問題、線という1次元を何百万重ねようと、面には絶対ならないわけです。

なのに僕たちは、1次元の次には2次元という、線をたくさん引けば面になると考えられるような世界に生きている。

保江　それはちょっと違いますね。線がたくさんあっても、網のような、すだれのようなものにしかならないですから。

みつろう　線と面というのは次元が違うからですね。

保江　ただし、無限には可算無限と連続無限があります。今の数学では、線を加算無限個並べても面にはなりませんが、連続無限個並べたら面になります。点を加算無限個並べても線にはならず、それは無限個の点の集まりですね。ところが、点を連続無限個並べたものが線なのです。

みつろう　その間に、相転移（＊同じ物質であっても、それがおかれた環境に応じて様態が変わる現象。例えば水が氷や蒸気になるようなこと）ぐらいの変化が起こっていると思うのです。今までのルールとは違うことが、次元が上がれば起こるのではないでしょうか。点を連続無限個に並べたときに線になるような。

線を連続無限に並べたら面になり、面を連続無限並べたら立方体になるのですね。

保江　そうです。

みつろう　だから、0次元から1次元に変わったときに相が転移していると思うんです。連続無限並べると概念が変わるというか。

保江　拡がりの方向が変わっているだけなのですけれども。

みつろう　では、4次元空間があるとすると……、まあ、あるとは思っているのですが。

保江　３次元立方体を連続無限個並べたら４次元になります。

みつろう　ですよね。４次元から見れば、立方体が連続無限個重なっているはずなんです。

保江　重なっているというか、並んでいるのです。

みつろう　下位次元から上位次元を説明すると、そもそも面をどれほど並べようと面の世界の人は立体にはなれないですよね。

保江　もちろんです。

みつろう　でも連続無限に平面が並んだら、立方体現実になれるのですね。

保江　空間にね。

みつろう　空間になれます。だから、この空間が今、この立方体現実になっている。立方体現実というのは僕が自著の中で名付けた言葉なのですが、立方体現実が今この瞬間にある立方体で、観測者が観測している。

この立方体現実が連続無限で並んだ場合。4次元ですよね、セオリーからすると。

保江　並べばね。

みつろう　一つ下の僕たちの立方体現実の場合、連続無限になるのが4次元ですよね。

保江　そうです。

みつろう　だから、そこから見て連続無限とは何かというと、ありとあらゆる可能性ということになりますね。例えば僕が、内田有紀と結婚している、上戸彩とも結婚しているという、考えうるありとあらゆる全ての可能性がないと、連続無限とはいえませんよね。

保江　可算無限でもそれは可能なのです。

みつろう　可算無限でも可能なのですか。

保江　十分可能です。さらに連続無限もあるから、もっと論理的に考えられない、ありえないことまでもが実現されます。

みつろう　4次元という高次元から下位次元である僕たちの世界、3次元立方体現実を見ると、4次元というのは、この3次元立方体現実が無限連続に並んでいる世界ですよね。

保江　はい。

みつろう　そこから観測者が見ると、無限立方体だらけで、無限の可能性があるわけです。

保江　つながって存在しているのです。直線が連続無限つながって平面だから、その平面の中で見たら直線がつながっています。全部がつながっているので、4次元としてプラスされているといわれる、時間もあると考えることができます。

みつろう　そのことを一つ上の次元から見ると……。

保江　１秒前の世界はこれ、０．１秒前の世界はこれ、０．１１秒前の世界は……という風に見ることもできるわけです。

ただ、見方はいろいろであって、時間はないんだと考えれば、同時にそれが存在しているとしたって構わないのです。

みつろう　同時並行に並んでいる。でも、一つひとつの今この瞬間の立方体現実がある。

または先生という観測者のところにカメラを入れて、先生の座標から見たこの立方体現実も、僕から見た立方体現実もある。

保江　それはちょっと違います。あくまで直線を連続無限個並べると平面になり、それを並べると立方体になるというのは、観測者とは関係がありません。この世界の拡がりを表していますから、観測者はいなくていいのです。

その立方体の中に、空間の今の拡がりだけを見ているから何もないのですね。

つまり、「点を連続無限並べたら直線になりました。それを連続無限並べたら平面になりました。それを連続無限積み上げ並べていくと空間になります」ということです。
だから空間、つまり拡がりしか今のところ議論の中にはなく、その空間の中に存在しているものを考えるのには、違う論理を呼ぶことになります。

みつろう　論理が違うのですが……。
でも線というものは、点が連続無限に集合したものと考えていいんですよね。面というのも線が連続無限個集まったもの。さっきいった立方体現実を1だとすると、それが連続無限個集まったのが高次元ですね。

保江　はい。この中に誰がいる、何があるというのは考えられないとしても、その上の次元から見たときに、3次元立方体現実の全てが連続に並んでいるのです。

みつろう　そこに可能性というものがあるんですか。

保江　そこでいう可能性はないのです。なぜなら空間しかないから、何も現象はありません。

みつろう　現象すらないのですね。

保江　今のところ点の集まりで直線があり、直線の集まりで平面になり、平面の集まりで立方体になるという、そうした空間の拡がりしか今、我々は作り上げていないからです。

そこには生き物も物質も何もなく、空間の断片だけは認識できるけれども、それ以外にはないですから、可能性もない。

みつろう　なぜこの話をうかがっているかというと、僕は決定論だと思っているからです。

この現実にいる自我がある、今この瞬間の私とその見られた世界というのが、左右対称性を持って常に起こっていると考えています。

さっきいったように、感じるものと感じさせるもの、僕が匂いを今感じていたとしたら、嗅いでいる僕と嗅がれているものがあるように、常にベクトルが逆の対称性のようなものがあって、それが結局、無限個あると僕は思っていたのです。

なぜ、僕が今この世界にいるのか？　この世界じゃない可能性もあるわけですよね。

エルンスト・マッハの自画像に描かれた「外から現実世界を覗く自我」

保江　僕もそうした考え方はわかります。

マッハという音速の単位になっているオーストリアの物理学者、エルンスト・マッハ（＊1838年〜1916年。オーストリアの物理学者、科学史家、哲学者）が自画像を描き残しています。普通の自画像というのは、鏡を見ながら自分を描くでしょう。

でも、マッハの自画像は違うのです。長椅子に座って、自分の左目で見た窓の外、家具、天井、自分の足、お腹、鼻の一部などを描いたのです。

みつろう　左目だけですか。

保江　左目だけで見た全てを描いたのがマッハの自画像です。変わってますよね。

ただ彼は、この景色、自分の体などの現実世界を見ているのが自分だといいたかったわけです。左目で見たものを全部描いて、この目の奥の描けない自分というものを、マッハは逆に表現したかったのです。

みつろう　描いている自分の本質は、描くことができないということですか。

保江　そうです。自画像として自分を描くのはこれが限界なので、「その奥にいる、この世界を認識しているものこそが自分である。この絵を見て悟ってくれ」ということなのです。

みつろう　物理学者なのに、そんな絵を描いたんですね。

保江　彼はこの自画像で有名になったのです。
僕は、これは先を越されたなと思って、でもマッハが大好きになりました。

みつろう　なぜ片目にしたんですかね。

保江　両目で見たらこういう絵は描けません。両目で見た画像をダブッて描かなくてはいけなくなります。景色も鼻の構造もちょっと違うでしょう。
なぜ左目にしたかというと、左目は右脳が見ているからです。この絵は上手でしょう。

みつろう　画家みたいですね。

保江　物理学者なのにね。要するに彼の主張は、人間というのは体はこの世界にあるが、この世界の外から現実世界を覗いているのだ、ということなのです。

自我というのは、現実世界を見ている、この奥にいる、これが自分、マッハであるといいたいのです。

みつろうさんはみつろうさんの奥で、この現実のあらゆるところを見て、例えば今、何をしたいなとか、何が欲しいなと思っている、それがみつろうさんだと僕も考えています。

マッハの自画像

猫などの動物や宇宙人まで入れるかどうかは置いておいて、とりあえず人間の数だけそうした状況があっていいわけです。

有限個の視点でこの現実世界を見ているわけで、もちろん移動したり、昨日の景色、一ヶ月前の景色など様々に見てきたのだけれど、有限個でいいのです。

保江邦夫の視点、さとうみつろうの視点、それぞれでこの現実を見ているのです。

ところがポイントは、さとうみつろうから保江邦夫を見たときに、保江邦夫から見たさとうみつろうは見えないということなのです。

みつろうさんからは保江邦夫は全体で見えている。でもその奥の、さとうみつろうを見ている保江邦夫の本質は見えていない。それでも、同じ人間だから想像はつきます。

確かに保江邦夫がこの現実にいて、その体は全部見えていて、理解もできているから保江邦夫はここにいるとは思えても、みつろうさん自身はこの世界を観察しているだけであり、覗いているだけだと思えるでしょう。

そういう観察者としての視点であれば、それは無限にあるのではなく有限個でいいのです。それだけでもけっこう面白い議論になるのです。

みつろう　確かに、僕もこの世界というものに観測機器をしつらえているのが自我だと思っています。ちょっと上の次元から、この3次元の私という現象は座標軸だと思っているんです。

例えば、北緯、東経、高度、この3点を指定するとします。保江先生と北緯36度、東経135度、高度23メートルでお会いしましょうと決めたとします。でも、それでは実際は会えないんですよ。

なぜかというと、そこに日時まで入れないといけないからです。僕と保江先生が物理的に会うとして、条件としては場所だけでなく、時間までを指定しないといけない。

３次元といわれていますが、結局この世界では、時間軸まで入れないと会えませんよね。

保江　会うとしたらそうですね。

みつろう　それでその四つを入れた座標の塊を自分だと思っています。北緯36度、東経１３５度、高度23メートル、そして時間。その条件での観測者は一人しかいないと思うんです。

保江　つまり、その場所、その時間にいる観測者。

みつろう　保江先生も、僕はこの４つの座標軸で表せると思うんです。先生が今ここで、「私」といった瞬間に表すことができる。

今、ここにもしも私たる者がいるとしたら。私以外には私として感じることが永遠にできないので、実際、死ぬまで僕は僕でしかいないと思っているんです。

保江先生の背後に何かいるとか、ここに観測者がいるとは思っていなくて、自分しか世界にはいないと思っています。

実際、いるとした場合に、今この瞬間の保江先生という名前のものは座標軸で表せますよね。次の瞬間、保江先生がちょっと動いたら東経とか北緯、高度だけずらせばいい。この世界にいる私というものは全部この座標軸で、観測機器を入れたここの座標だと僕は思っているんです。

3次元立方体現実をより上の高次元から観測するためには、観測機器を入れる必要があります。

保江　観測しようとすればね。

みつろう　これは、思考実験のようなものです。

そう思っているということではなくて、保江邦夫という現象も観測があるからであって、先生に見えているものは僕には見えないけれども、きっと同じ青い空が見えている。それも4軸で表せるわけです。

保江　よくわかります。

パート9　世界は単一なるものの退屈しのぎの遊戯

連続性の中でいまだ我々は観察中である

保江　少し話が戻りますが、古典力学のニュートンの運動方程式は、粒子がこう動いていくという記述です。それからハミルトンの運動方程式も、粒子の位置と粒子の運動量がこう変化していくという方程式です。

ところがそれに対して、ハミルトン‐ヤコビの運動方程式というのは、粒子がもしここにいたとしたら、こっちにこれだけの大きさの運動量で動く、あっちにいたとしたらこっちまでこれだけの運動量で移動するという場を示しています。

つまり、空間の中の各点に粒子がいなくても、ここにもし粒子が来たら、その粒子はこっち向きの運動量を持つという可能性、あっちに行ったときにはこの運動量を持つという、つまり監視カメラみたいなものだと思っていいです。各点に場を想定して、各点の場を計算し、こんな粒子がこう動くということを記述するために余分な計算もするわけです。

ですから、この世の中を観測するカメラがあらゆる場所にあって、「もしここに保江邦夫が来て観測したら」というように、どの空間のどの点にも予め観測する目が与えられている。

だから、空間の全ての場所に観測装置が与えられているよ、ということなのでしょう。それがハミルトン - ヤコビの運動方程式的なやり方で、それほど突拍子もない考えでもないと思います。

みつろう　僕は、観察者に動物までは入れていいと思います。

先生が今おっしゃったように、誰も見ていない場所があるので、その中で有限個数の観測点はありますよということですね。

僕が説明できる「私」というのは、ここまでだと思っています。私とは何かと問われたら、結局見る者（自分）は見られないのですから、観測する者を観測することは永遠にできないのです。観測者が観測されたら、観測者ではなくなりますから、それこそ、抽象的自我に逃げたような感じです。

だからもう、この物理次元と切り離さない限り成り立たないのです。

保江　そうです。悪魔にならないといけないのです。

みつろう　そもそもそれは、哲学者がずっと昔からいっていることですよね。

平面の紙の中にうさぎがいるとして、うさぎは高さがないから紙の中を認識できないはずです。

保江　そうですね。

みつろう　もう1次元プラスされないと、絶対に認識というのは起こりません。僕が紙に描かれたうさぎのつもりになったら、線があるだけで高さがありません。

同じように、僕たちは3次元を認識している時点で、絶対に4次元以上の空間にもいられていると考えています。

話を量子力学に戻すと、観測者が観測した瞬間に観測された世界があるというのは誰にも疑いようがないものですよね。見る者の前には、見られる世界が常に一つしかない。

保江　それはわからないですよ。

みつろう　見る者の前に二つがある可能性もあるのですか。

保江　こればかりは、フォン・ノイマンですらそれを分離できませんでした。つまり、観測者と被観測者、被観測物を。

みつろう　わかりました。そこに境界線は引けないのですね。

保江　引けないのです。

みつろう　それでは、僕が観測しているときは、観測結果は一つしかないということについてはどうでしょうか。

保江　観測が終了していればそうなのですが、どこで、いつ終了したかがわかりません。

そもそも観測による認識とは何なのか？

だから、フォン・ノイマンの理論が僕は好きなのです、線を引けないから。

線を引けないという意味は、つまり観測は終わらないということです。

みつろう　そういうことですか。僕は空間においての連続性においていっていたのですが、時間においてもいえるのですね。

保江　時間というか、作用として切ることができないという意味です。いつまで経っても、観測される側とする側というようには切れないので、じつは観測もしていないのです。

みつろう　観測者が観測対象物と一体ということですね。

保江　そう、一体なのです。

みつろう　見るものと見られるものが一つとしてあるということですね。

保江　そうです。

みつろう　そうはいっても、見ることができていますよね。

保江　見ることができていると思うのは、ひょっとして妄想かもしれません。

さとうみつろうとして見ている、保江邦夫として見て認識していると思っても、どこにも保証がないのです。

これは単に、現実と保江邦夫という この体が一つになってつながっているだけであって、何も決定されていない、それこそ結果が生じていないのです。

可能性がまだ残っていると考えられるので、きっぱりと観測が終わっている、認識が終わっているとはいえないのです。どこで終わったのかがわからないのですから。

そういう風に考えを及ぼしていくと、結局は堂々巡りになるので、なんとなく常識的に、自分は観測しているとか、自分によって現実が定まっているとか判断するのが、一つの暗黙のルールになっているわけです。

でも、そこも疑わなくてはいけないのです。

みつろう　今、ハッとしました。そもそも観測結果が定まっているとは限らないということですね。観測対象物と観測者の間が連続しているわけですから、ここからがセンサーでここからが電子だという区別はないとフォン・ノイマンがいっていたことは、僕も知っていたのです。

しかし、今いっているのは、そもそもこの瞬間を、僕が「観測が終わっている」といったとしても、それもまだ連続性を持って観測中だといえるということですよね。

保江　そうですね。

みつろう　つながっているのですね。

保江　それも、まだわかりません。

みつろう　なるほど。それもまだわからないという考え方ですか。

保江　そうです。

みつろう　そうなってくると、もう話ができないということになるのですね。

保江　早い話、そのとおりなのです。だから、切り取った考え方をしなくてはいけません。切り取らずに、「現実がこうだから、目の奥にこんなものがあるんだろうな」と、考えをどんどん広げていけばいくほど泥沼にハマっていくのです。

みつろう　「切り取る」ということはわかっていたのに、僕は時間軸においての連続性を考慮に入れないで話していました。
だったら、僕の観測結果はまだ得られていないし、ずっと観測中だということですね。

保江　そうです。早い話、厳密にいえばまだ結果ではないのです。ただし、そういう議論はもう大変だから、しないほうがいいのです。

みつろう　今まで人類が年月をかけて決定論と自由意志について話しても、何の結論も出ていないわけですね。

保江　そう、何の結論も出ていません。観測結果とか観測する主体とかはどうでもいいのです。作用を最小にする、という現実がすでにこの世界では実現しているということです。

みつろう　量子の世界まで含めてですね。

保江　そうです。そこに観測者がいてもいなくても、とにかく作用は最小になっているわけです。

ですから、物理学者たるもの、それだけを見ていればいいのです。

では、二重スリットの実験ではなぜ答えが違うのか。

左側のスリットを通る電子を見ていても、右が閉じているときに左側を通る場合と、右が開いているときに左側を通っていく場合で状況が違っているのはなぜか。

それは、僕が見つけた最小作用の法則の枠組みを高林先生の解釈で考えると、右側を通る可能性があったという事実が影響しているとしか考えられないわけです。

あとは、悪魔を入れなければ説明できません。

だから人生において、可能性を殺してはいけないといいたいのです。

生まれたときからの記憶――膜の中の現実世界に、本当は誰もいない

保江　ここで一つ、違う話をします。

先ほどからのみつろうさんの話を聞いていて、僕と同じ考えをしているんだと思ってちょっと感動していたのです。というのは、僕は一つのビジョンを子供の頃から見てきました。

どういうものかというと、自分が真っ暗な何もない所にいます。すると、目の前に何かがあって、

それがだんだんはっきりしてきて、中に水のような透明な液体が入っている、透明なゴム風船のような、膜のようなものだとわかるのです。無色透明なものが浮いています。

そこには、僕というものがいるのですが、自分の体は見えません。見えるものは透明なゴム風船の中の透明な液体だけです。

それに自分がだんだんと近づいていって、その風船に重なるようにべたっとくっつくと、ゴム膜がぐぐっと背中のほうまで伸びて、保江邦夫を包んでいくのです。

風船の中にまでは入っていないのですが、風船の表面の膜が、僕の体、といっても実際は体のようには感じていないのですが、保江邦夫という存在を包んで伸びていく。

これが、この世界の中に僕が生まれたときの印象なのです。

風船の中の液体の部分がこの現実世界で、僕はその中にいるようにみえて、実際はいません。外側にいるのです。

例えば、さとうみつろうという人が同じように膜の外にいて、風船の中の液体の部分に伸びていき、視界に入った人にこんにちはと挨拶したとします。でも相手もじつは、膜の外にいて、膜が伸びて近くにいるだけなのです。

そうやって、この現実世界の中で挨拶したり、喧嘩したりするのです。

みつろう　つまり、誰も膜の中の世界には入っていないんですね。

保江　そう、誰も入っていないのです。

それでこの世界を観察していると、僕はさとうみつろうさんの姿形は見えるのですが、自分の姿は胸から下くらいは見えるけれども、それから上は見えません。

僕の周りには他の人もいて、みんな膜の外の存在なのですけれども、あたかも膜の中の液体に存在しているかのようにしている。

そして、膜の外はじつは一つなのです。

つまり、さとうみつろうも保江邦夫も、膜の外ではじつは同じものです。みんな同じ、神様なのです。

みつろう　生まれる前の世界みたいなものでしょうか。

保江　そうです。じつは、僕は生まれてすぐの頃からずっと、これを覚えていました。こうやって生まれてきたんだと。

だから、「この世界を観測しているのは自分だ」とおっしゃったけれど、そのとおりなのです。自分というのは、たまたまこのゴム風船の中に入り込んでいるように見えるけれども、実際は背後にあるほうなのです。

みつろう　それは観測者ですね。僕は、観測者は一者だと思っています。

保江　そう、一者です。これは物理学者としてではなく、僕の個人的な、生まれてきたときの記憶だけでいっています。

でも、僕はこれが真実だと思っているのです。面白いでしょう。

みつろう　それをビジュアル的にイメージさせていただけて、感動しました。

保江　僕は本当に見てきたのですよ。その入り込む感覚をもって、生まれているのです。

だから、霊能力者の人がよくいう背中のシルバーコードというものが、誰にもついているわけです。

みつろう　一者という概念は、プラトンの前からもいわれてます。

観測者が、さっき僕がいった上位次元である限り、下位次元にするためには自分を無限個に分断する必要がある……、そこに観測というカメラを入れたらそれぞれが違う視点だから、もちろんみんなが同じではありません。

でもそれが上位次元に戻ったときは、やはりそれは一者でしかありえないのです。


保江　それを聞いていて、上位次元というのはこのゴム風船の外側の存在だから、同じことをいっているとと思ったのです。

ただ、これは考えたわけでも何でもないもので、僕が子供のときからイメージを持っていたというだけです。

この話はじつは、以前僕が出した、『ついに、愛の宇宙方程式が解けました：神様に溺愛される人の法則』（徳間書店）という本の冒頭に書いてあります。

いまだに僕は、これを真実だと思っています。元々はみんな同じものだと思うのです。

みつろう　観測機器になる前は一緒だと。

保江　この保江邦夫という観測機器として、今、楽しんで見ているし、さとうみつろうという観測機器も今を楽しんでいる。これが現実なんだ、それ以外ないと確信しているのです。

みつろう　僕のイメージは、先生がおっしゃった水風船のようなものは真っ白で、背後の空間がどこまでもつながっている。風船にニュルッと入ってきたら人の形をしていて、ニュルッと出ていったら、また一つだと。

保江　サムシンググレートでも神様でも呼び方は何でもいいけれど、僕にとってはこれがやけにリアルなイメージなのです。

みつろう　覚えていることなんですね。

保江　覚えています。

みつろう　思い出すという英語はリメンバーですが、元々一つのメンバーだったものが、分離してもまた一つにリメンバー、つまり、もう一度メンバーになるという意味です。

保江　みんながつながっているとスピ系の人はよくいいますが、あれは体感としてはわかります。ただ世の中で、僕と同じようなイメージを持っているという話を聞いたり、本に書いてあるのを見たことはないですね。

みつろう　先生の説明はとてもわかりやすいです。一者のイメージとしては、今まで聞いた中で一番わかりやすい。

その次にわかりやすかったのが、無限のテレビモニターが並んでいる前に観測者がいて、そこの座標軸がAさん、Bさんで違うという、ザ・ワンという名前のものです。その無限の観測機器の観測について、僕は本に書いたことがあるのです。

でも結局、見るものと見られるものの分離を、しかも人間の抽象的な視点で書いてしまったので、何かが違うなとは思っていたのです。

先生のイメージは、確かに面白いですね。

保江　いいでしょう。

みつろう　上位次元が下位次元に行くための手段ですね。

サムシンググレート（自分）が作る同時並行世界

保江　さらにその風船のイメージですが、他にもいくつかあるのです。

例えば、神様は退屈だから、まずは「この世界」という風船を作ってみました。でも、それだけでは面白くないので、別のどこかに同じような風船を作りました。

だから、風船の中でぷるぷると絡んでいるように見えますが、現実世界の中では直接はつながれない。外側ではサムシンググレートとしてつながっている、とかね。

なので、ここの世界の中の人がフッと、「この世界と似たような世界がどこかにあるのではないか」と思ったりします。

みつろう　メタバースみたいな。

保江　「あちらの世界の私は元気だけれど、この世界では寿命が近い」とかね。

同じ自分がそこにいる、似て非なる世界……、あるいはまったく違う世界があってもいいんじゃないかと。

今ここで自分がニュルッと入り、さとうみつろうがニュルッと入っていることは、サムシンググレートが全部掌握して観察しています。

他の世界では同じサムシンググレートが、別の興味で観察している……、同時に並行に存在しているのです。サムシンググレートなら、そうした世界がいくらでもあっていいわけです。

いろんな現実世界が好きなだけ創れるわけだから、それは楽しいものです。

そんな風に想定すると、なんだか楽になると思いませんか。

死んだらちょっと違う所に行って、飽きたらまるっきり違う所に、という風に考えると、僕白身、死ぬのが怖くなくなっているのです。

だから、僕はいつも変わり者だと思われていました。子供の頃は、窓の外ばかり見ていて何を考えているのかわからない、というのが学校の先生からの評価でした。

でも、人に何をいわれても、人と違ったことをして呆れられても全然動じないのは、子供の頃からのこのイメージを持ち続けていたからなのです。

このイメージがなかったら、この現実世界が全てだと思って生きていたでしょう。死んだら終わりだとか、みんなに変な目で見られたらやっていけないとかね。

でも幸い、物心つく前からこんなイメージを持っているから、しぶといのです。

そして、こんな世界が他にもあっていいと思うようになったのです。

ただ、みんな、背後では同じところにいる一つのもの……、でも、多様性がないとつまらなくなってしまうので、それぞれで楽しくやっているだけです。

みつろう　同じものでも、いくらでも多様性があるから楽しいのですね。

保江　だから僕の額の裏に浮かんだ方程式は、アブストラクトエゴ、抽象的自我が知らせてくれたものなのです。

その方程式は最初から、なぜか理屈抜きで当たっているなと思っていました。それは、後ろ側にいるものが認識の主体だからです。

フォン・ノイマンにしても、ひょっとすると生まれるときに、このイメージを持っていたのかもしれません。

観測が終了してこの世界の実態が確定するのは、その背後のサムシンググレートが、この世界の中を僕の視点で認識したときです。それが、観測の終了です。

みつろうさんの側でも、みつろうさんの後ろにいるサムシンググレートが認識した時点で観測は終わっています。だから、みつろうさんから見た、風船の中の世界は結果が確定しているともいえます。

ただ、僕の視点からこの世界を認識した結果と、みつろうさんの視点で認識したこの世界の姿が、必ずしも一致するとは思っていません。

そういう齟齬は現実にもよくあることです。

「昨日、お前はああいったじゃないか」「いや、俺がいったのはこうだ」と、お互いの記憶が食い違っていることがあるように、同じものを見ても、違う風に見えるのです。

みつろう　人の数だけ事実があるのですね。

保江　そうです。この風船の中の世界というのは、そんなものだと思います。

だからみつろうさんがいった、いろんな可能性が重ね合わさって現実化される、そういう不思議な世界が風船の中にあるということは確かですが、一つの結果しかないというような単純な世界ではないんじゃないかと思っています。

みつろう　そうなると、この風船の中の世界は決定論でもないということでしょうか。

保江　風船の数はひとまず一個だけにしておくとして、その中の世界は、それこそたくさんの可能性が重なっています。認識の結果、現実化しているけれども、いろいろと違っているのです。

みつろう　風船の中においてですか。

保江　はい。あるときはこういう結果に見え、別角度から見たときにはこういう結果に見えるという、一つには決まらないものが風船の中にあるのです。

みつろう　風船には、寝ているときではなく、起きているときに入ると考えていいですか。

保江　寝ているときは、他の風船に入っているのかもしれないですね。それで自分は夢を見ていると思っているのかもしれません。

みつろう　毎日、風船の中に入り続けているということですね。観測が始まった瞬間が、中に入った瞬間だと考えてもいいでしょうか。

保江　意識が戻った時点で入るので、霊能力者には、「寝ている間に魂があっちに戻って癒やされて、また次の日には帰ってきて、元気に目が覚めて活動できる」といっている人もいます。寝ているときは向こう側の元の一つの中で休んで、また風船の中での続きを頑張ろうということなのかもしれません。

我々は単一なるものの退屈しのぎの遊戯

みつろう　沖縄の霊能者、上江洲(うえず)義秀先生も、この世界は決定論だし、私が何かできるわけではないとおっしゃっています。

私たるものは見るものと見られるもののうちの、ただ見るものの側というだけであって、何かを決め続けている存在ではないんだと。先生は、一なるものを本質と呼んでいらっしゃいますが。

でも、そうおっしゃっていながら、先生の息子さんが3歳くらいの頃にやけどをしそうになったとき、少し前に瞬間的に戻って、やけどを負わないように何かを変えたというお話をされていたのです。

病気治しも止めて、世界は決定的なものであると話している先生が、自分の息子の手のやけどを救ったというのはちょっとズルいな、とそのとき思いました。

保江　それは、ミラクルアーティストであるはせくらみゆきさんもおっしゃっていましたね。

彼女もちょっと離れた、すぐに助けに行けない所にいた子供が階段から落ちたときに、あっと思った瞬間そこにいて胸に子供さんを抱いて立っていたとか。瞬間移動しているのです。

みつろう　上江洲先生は、一なるものという本質に戻って、この観測の世界ごとを変えたと話されました。

僕は、あちらの世界の記憶はこっちに来たときは消えている、というか打ち消し合っていると思っています。僕が右手に1、2、3、という正の整数を持っていて、左手にマイナス1、マイナス2、マイナス3という負の整数を持っていたとしたら、結局僕というものの本質はゼロ、無じゃないですか。

保江　足したらそうですね。

みつろう　僕という存在が、負の無理数、負の有理数、負の分数など、もしも全てを持っていたら、全てを持っているが故に、無であると思っているのです。

全てがある場所には、結局、何もないのではないか。無という場所は、全部がない空間だから私というものになれるけれども、戻った先の高次元においては、下位次元が見える観測というものが、全部消えていると思うのです。

でも、消えているけれどもあるのです。全部があるが故に消えているわけです。

例えば、喧嘩している人同士がいても、高次元に戻っているときには喧嘩という状態にはなっていません。一つのものでは、喧嘩にならないですからね。

だったら、そもそも喧嘩なんて起こっていなかったともいえますね。

保江　それはそうですね。

みつろう　ないものを探している私と、探されているものがあったとしても、それらが一つだったら、結局、その事実ごと最初からないに等しいわけです。

だから、僕のエピソード記憶というのは、僕が上位次元にいるとき、つまり一者であるときにはないと思っているのです。死んだ後に、「私が私だったな」と思うこともないと思っています。

そう思っていたのに、上江洲先生がそんなことをおっしゃるので、あれっと思いまして。エピソード記憶をパラレルワールドに持っていったらそうした現象が起きたという話だったら、「おっ、これは面白いぞ」と思うんですけれどね。


保江　あえて説明するには、そういういい方しかなかったのではないですか。

実際に起きていることだったら、この現実を何と説明すべきなのか。超能力者ができることだって、その人にはできるのに、なぜ僕にはさせてもらえないのでしょうか。

背後の単一なるものについては、確かに記憶もないですが、なんだか本当につまらない、退屈なものだと感じていたのです。

みつろう　全部があるが故に退屈なのですね。

保江　その退屈しのぎに風船みたいなものを創って、いろいろとやっているのですが、元に戻ったらまた退屈なわけです。何もない、記憶すらないので、またムニュッと風船の中に入ってしまう。

　ですから、毎日目が覚めてこの同じ世界に居続けられるということは、この現実というものは、一応1個じゃないかなと思います。もしかしたら、もう1、2個あるのかもしれませんが、夢の世界がもし別の風船なら、それでもいいでしょう。

　その霊能者の先生のように、いくつも似たような世界が用意されていて、他の風船の世界に行ったら手はやけどをしなかったということが起こるわけです。

　そこに他の人も連れていって、他の視点からも都合のいいように調整するほうが楽しいかもしれないですね。


　同時並行で、少しずつ違う現実世界を複数創っておくことは可能です。

　その中のどの視点に飛び移るのも瞬時にできるし、ある現実世界では、たまたま保江邦夫が3年前に死んでいたということもあるでしょう。

みつろう　下位次元では、時間としてそれが違うところにあると思えるかもしれないですけれども、上位次元であれば、それが同時に並んでいないとおかしい気がします。

保江　並んでいるというよりは、どこかにあるということです。

みつろう　内包しているわけですか。

保江　背後にあるものは1個なのかどうか、それすらよくわからないわけですが、その中に、ある現実、別の現実というゴム風船がいくつもある……、それが並んでいるのかつながっているのかわからないけれども、とにかくあるわけです。

しかも、それらは元々は一つだから、どこでも自由自在にゴム風船の中のそれぞれの存在として生きているように思わせているし、その視点も変えられます。

みつろう　一としてやっていますよね。

保江　一でやっているし、その風船がたくさんあれば、その一がこっちでやってもいいし、向こうでやってもいいのです。

みつろう　それは、今起こっているかもしれないのですね。

保江　そうです。

みつろう　実際に今、起こっています、先生と僕とで、今この一なるものを同時に起こせているということは、時間が今、重なっているからです。

戻った所には、やはり同時に全部があると思っているのです。

保江　背後ではね。

みつろう　順番なんてないですから、どっちが先だったかなんていえないのです。

先生も僕も体験している、ここに今、同時刻で来た同じものなのですから。

やはり僕は、上位次元に行けばそこに全部が今あって、同時に全部を体験中だと思うのです。

保江　次元という言葉を使うと、ちょっとわかりにくくなるのかもしれません。

風船の外の一者についていえば、それだけしかないのです。でもその一者が創り、想定しているこの現実世界で、一者がいろいろ見たり、認識したり、体験したりしています。

ここで辻褄が合いにくいことがときどきあった場合、「これはなぜなんだろう」と考え始めるとろくなことがないのです。

みつろう　一緒なのですからね。

保江　多分一者は楽しんでいるだけで、深く考えていないと思います。

ただ、考えている状況になっている僕は、この一者の視点ではありません。視点は持っているけれども、この保江邦夫という人物を一者が演じているのです。一人何役もやっていて、さとうみつろうも演じています。

「保江邦夫にはこういう風に考えさせてやろう、さとうみつろうにはこういう風に考えさせてやろう」と、いろいろと演出をしているのです。

そしてその口馬に乗って、保江邦夫は「こうじゃないか、ああじゃないか」と考えて、さとうみつろうはさとうみつろうで考えていますけれども、一者は全部わかっています。

本当は、そんなこと考えること自体をやめておけばいいのですが、つまらないから考えさせるわけです。

デカルト（＊ルネ・デカルト。１５９６年〜１６５０年。フランスの哲学者、数学者）が、「我思う、ゆえに我あり」といいましたが、なぜ思うのでしょうか。

思うためには、ニュルッと入り込まなくてはいけないからですね。風船の外では思えませんから。

みつろう　思えないでしょうね。疑問と答えが同時にあるわけですから。

保江　それではつまらないですよね。

みつろう　そもそも、考えるものと考えられる対象が一つであれば成立しないですよね。見るものと見られるものが一緒だから、見るという行為も起こっていない。嗅ぐものと嗅がれるものも一緒だから嗅がれてもいない、何も起こっていないですね。

そして、全てが起こっている。

保江　そうです、そのとおりです。一者は、ただただつまらないから、そういうことを起こすわけですね。

みつろう　つまらないけれども、こっちにいるから「起こっている」といえるのですね。

保江　つまらないかどうか、本当はそれすらわからないですが、こちらはおそらく面白いのでしょう。

終わることのない観測――生き残るのはボルン近似から出発した確率解釈

みつろう　「なぜ完璧だったものが、完璧ではない世界に来ているんですか」とよく聞かれます。

スピリチュアルに関係している多くの人たちは、「そもそも完璧なものにしておいてくれればいいのに」と疑問に思っています。

完璧なものというのは全てを含んでいないといけないわけですから、完璧じゃない状態も同時に含んでないといけないわけです。

だから、完璧だった私たちが今、完璧じゃないところに来ているということではなくて、この世界も本当はすでに完璧なのではないかと僕は思うのです。

保江　もちろん、そうだと思いますよ。

みつろう　そこに全てがあるというのは、退屈を楽しむための道具があるということでもいいし、満足させてくれる道具があるということでもいいし、全部がそこにある、でも打ち消し合って何もないという。

保江　結局、風船には、なぜか我々がニュルッと入れる余白があったのです。我々はラッキーだったと思います。

みつろう　視野も広がってよかったです。時間的な連続性という視点を、僕は完全に欠いていました。観測中だという視点がありませんでした。

保江　人間というものは、全部認識していると思っていますから。

みつろう　認識が終わったと思っていました。
例えば、写真を撮ったら認識は終わったと思っていたのです。でも、まだ観測中ですものね。

保江　最初から最後まで、ずっと途中だということです。

みつろう　僕は一度も、観測を終えたことがないのですね。

保江　男女のこととして例えれば、大体なるほどと思えます。

例えば、昨日行ったレストランに、いいなと思える女の子がいたとします。どんな子かなとか、いろいろ想像するでしょう。

それで、話しかけるなどのアクションを起こしたとしても、彼女の全部を知ることはできないわけです。

もちろん見た目の姿形とか、考え方とか出身地とかも根掘り葉掘り聞けばわかるでしょう。でも、いくら並べたところで、まだわからないことがたくさんあります。

つまり、相手を観測し終えることはない。でも、全部を掌握していないのに、一目惚れとかで結婚することもあるでしょう。それが、悲劇の始まりなわけです。

まだ観測途上なのに結婚してしまい、だんだんと観測が進んでいくほどいろんなことがわかってきて、愕然として最後には破綻することもある。かといって、ずっと観測だけし続けていたら、いたずらに年だけとってしまいます。

だから結局、観測の途中で行動を起こすしかないのです。

よく、「あまり深く考えないで、清水の舞台からえいやと飛び降りるような気持ちで結婚した」とかいいますよね。「結婚は勢い」とかね。

フォン・ノイマンがいうように、観測というのはじつは終わりません。観測される側と観測する側の境界を引けないのと同じように、観測行為というプロセスは終了しないのです。

みつろう　定義ができないわけですね。

保江　終了したという定義ができないのです。だから観測したと思う側は、勝手に妄想するわけです。あの子は優しい子だとか自分を愛してくれるとか妄想し始めて、そのイメージで、「僕は彼女を理解した」と勝手に思うだけなのです。

みつろう　観測が終わったと、勘違いするわけですね。

保江　妄想が終わっただけで、観測が終わったわけではないのです。

でも、どこかの時点で、観測が終わったという妄想を作り上げる必要がある。そうでないと怖くて、とても行為に移せません。

だから女性と男性の間でも、ここで手を打つと決めて親密な関係になるのですが、でもじつは妄想なのです。

ですから、量子力学の観測問題だって、妄想でいいのです。

妄想で、「とにかくこうなったとしておきましょう」といっているというのが現実です。妄想と妄想の状態を結びつける数学的なトリック、ツールを用意しましょうということです。

だから物理学者は、この世界の現実は見ません。この世界に対する物理学者たちの妄想と妄想をつなぐツール、それが量子力学だと考えたほうがよほどいいのです。

僕は、現代物理学をやっている今の物理学者たちにいいたい。

「あなたたちは、この世の中のことをわかっているつもりだろうけれども、それはあなたがたの妄想世界をつなぎ合わせているだけだ」と。

心ある物理学者は、よく本に書きますね。「物理学というのは真実を突き止める学問ではなく、あくまで近似なのだ」と。

みつろう　本当にそう思います。結局、全部近似なのですよね。どこで観測を諦めるかの違いです。

保江　そのとおりです。近似というのは便利な言葉です。どんなものでも近似なのです。

みつろう　最初聞いたときには、「近似といって逃げるなんてかっこ悪いな」と思いましたが、じつは一番、潔いのですね。

保江　結局、それが最も賢かったわけです。

みつろう　実際にどこまでいっても結論が出ないのなら、早い段階で見切ったほうがいいですものね。

保江　結局、その扱いやすさから、ボルン近似から出発した確率解釈がやはり生き残るわけです。

みつろう　諦めのいい奴が生き残るということですね。

保江　それ以外の人たちは泥沼にハマるという。

みつろう　どこまでも答えがないものを追いかけている……、見るものを見ようとする、認識するものを認識してやろうとするなんて無理ということに、最初に気づかなくてはいけませんね。

保江　僕はとにかく、「可能性にかけろ」といいたい。可能性さえ残しておけば、どんなことでも起こせます。可能性を捨てていたら、起こることも起こらない。

宝くじだって、何億円が当たる可能性がほんの少しでもあるからみんな買うのです。

やはり人生、可能性だけは残してほしい。本当に今の若い人は、少しの可能性すらなくしてしまうことが多いですから。

「どうせ自分なんか」といって自らを卑下し、就職活動のときはみんな同じような黒いスーツでしょう。昔は服装も、もうちょっとカラフルでしたよ。

みつろう　わかります。それを最近見ました。日本航空に１９７０年に就職した女子大生と、２０２０年の女子大生を比べると、２０２０年は髪型が全員一緒だったのですが、１９７０年は十人十色です。服装もバラバラで、昔はもっと個性がありました。

保江　今は、全員そっくりさんでしょう。

みつろう　平均化してしまいましたね。

保江　可能性を切っているのです。昔の人は可能性を残して生きていました。

有名な話ですが、サッポロビールの入社試験の面接で、面接官の前でみんな自己主張したのに、ある学生だけじっと黙っていたそうです。それで面接官が、「君は何でずっと黙っているんだ」と聞いたところ、その学生は、「男は黙ってサッポロビール」と答えた。

サッポロビールのコマーシャルのセリフを繰り出したのです。

みつろう　その人は受かったのですか。

保江　もちろん受かりました。大ウケしてね。

みつろう　すごいですね。肝が据わっています。昔は面白い人がいたのですね。

保江　今はそういう人がいないですから。

だから僕としては、皆にその可能性を残す生き方をして欲しいということを教えてくれるのが量子力学だと思っているのです。

認知と可視に関わる脳のバグ——見えるはずのものが見えない？

保江　さて、もう一ついいたかったのが、EPR問題についてです。あまり知られていませんが、Einstein–Podolsky–Rosen（アインシュタイン‐ポドルスキー‐ローゼン）の頭文字を取っていて、とても不思議なものなのです。

二重スリットとか観測問題ばかりが話題になっていますが、このEPRのほうがじつは量子力学の本質をえぐる面白い話題です。

こんな現象を知っていますか？　見えているものでも、じつは見えていないという。

みつろう　有名なものに黒船問題がありますね。真偽は不明ですが、江戸時代に黒船がやってきたときに、日本人で「あんな鉄の塊が水の上に浮くはずがない」と思い込んでいたような人には、船が見えなかったそうです。信じられない人には見えず、信じられた人にしか黒船が認識できなかったという話を聞いたことがありますが、本当でしょうか。

保江　そうなのです。当時、江戸に住んでいた大多数の日本人にとって、船というのは帆を張った木造船でした。

みつろう　それが一般的な認識ですね。

保江　黒船が来たと聞いて、皆で大挙して見にいったのですが、半分の人の目には見えました。でも残り半分の人は、

「どこにあるの？　海があるだけじゃないか」といっていたというのです。

みつろう　不思議ですね、海しか見えないなんて。

保江　普通の日本の船は見えていたのに、黒船は見えなかったわけです。

みつろう　日本の船と黒船が浮かんでいるのに、黒船だけ消して見ているということですね。

保江　そうです。海と空と、日本船だけ見えている状態です。

「帆を張っている普通の船の左、ちょっと離れた所に、ほら、あるだろう」と見えている人に説明されても、見えなかったのです。

みつろう　逆に、見えていた人たちもすごいですね。

保江　彼らには、初めての物体が見えていたのです。

その話を僕が仲間にしたところ、エベレストを見にいったことがある人がいて、ツアーコンダクターに聞いたという話をしてくれました。

日本人の認識では、山というと富士山が限度だというのです。エベレストはそれに比べると圧倒的に大きい塊で、まるでどこまでも続く壁のようなものなのです。

だから、麓でツアーコンダクターに、「これがエベレストです」といわれたときに、半分くらいの人は「すごい」といい、残りの人は「どこにあるの。雲や、空があるだけじゃないか」というらしいのです。

みつろう　見えない人は、山の向こう側を見ているのですか。

保江　いいえ、山肌を見ているのです。網膜にはちゃんと山肌が映っているはずなのに、脳みそが認識できない、というか、させないのです。

だからといって、そこが何もない空間だったり、黒く塗りつぶされたように見えているということではありません。雲が浮かんでいる空に見えているのです。

ツアーコンダクターは、「じつは、日本人はこんな８０００メートル級の山を見たことがないから、見える人のほうが珍しい」といっていたそうです。

そこでツアーコンダクターは、みんなに見てもらうために工夫をしたと。

みつろう　やり方を変えたのですね。

保江　少しずつ段階を踏んで高い山を見せていって、最後にエベレストを見せたところ、みんなが見えたということでした。

また、こんな話を僕が京大の大学院にいたときの優秀な同級生に伝えたところ、面白い話をしてくれました。

彼は、山梨の甲府で育ちました。甲府からは、富士山が見えます。

みつろう　位置的に近いですからね。

保江　ところが彼は、小学校の低学年の頃は富士山が見えなかったというのです。

甲府は盆地で周りを山に囲まれているのですが、富士山よりだいぶ低い山々の向こうに、富士山が飛び出るようにそびえていました。もちろん、他の人たちは毎日、それを見ているわけです。

ところが彼は、この富士山が長い間、見えませんでした。親とか兄弟が、「ほら、あの富士山の方向を見ろ」といっても、まったくわからなかったそうです。

富士山という名前を聞いてはいても、自分には見えなかったというのです。

けれどもあるとき、遠足で富士山の近くに行って、初めて富士山の全景を見ることができました。その姿に感動を覚えつつ、「これがみんながいう富士山か」と思ったそうです。

そして、バスに乗って帰ってきて、改めて自分の家からそちらの方向を見たら、ちゃんと富士山が見えました。そのときに、初めて認識できたのです。

「じゃあ、それまでそこにあったのは何だったの?」と聞いたところ、彼は「空だよ」と答えました。もともとそこには富士山があるから空は見えないはずなのに、空が見えていたという。

つまり、彼の脳は、富士山の右と左と上の空の景色が連続的につながっていると認識していたということですね。

みつろう　脳内で補正したということですか。

保江　そう、補正したのです。

京大で一番優秀な彼がそうだったと聞いて、驚きました。そして、彼が、「お前も体験したことがあるだろう」と話し出しました。

例えば、壁に時計がかかっているとします。クォーツ式の、一秒ごとに秒針が飛ぶタイプのものです。そのとき、「今何時かな」と思って時計に目を向けるのではなくて、別のものを見たときにフッと、視野の端に時計が入ることがありますね。

みつろう　たまたまその方向を見た場合ですね。

保江　「そのときは秒針が見えなくて、きちんと時計に着目した途端、秒針が一度に5秒分くらいぴょんと飛び、それから普通に1秒ごとに動き始める。そんな経験がなかったか」と聞くのです。

じつは、そうしたことが、僕にも何回もあったのです。彼は、

「それはなぜかというと、網膜に映った全データをそのまま視覚野で処理しようとすると、あまりにも膨大なデータ量になって人間の脳はパンクする。そこで勝手に脳が手抜きをして、脳幹網様体という所でデータを切り分ける。

時計を見るつもりがなく見たときには、網膜には記憶の中で一番近い時計の姿を認識させる。そのときには脳は手を抜いているから、動いている秒針までは認識させない。

『時計があるが何時かな』と思って注目すると、脳が慌てて秒針を認識させようとする。

脳は、今網膜に映っている映像をそのまま伝えようとするが、その前までは秒針が止まっているように見えていたから、5秒分ぐらい飛ばして辻褄を合わせる。その後にじっと見ていると、普通

に「カチカチ動くんだ」と説明してくれました。

つまり、無意識レベルで見たときは脳が勝手に静止画のように見せて、意識を向けたら仕方がないから網膜に映る映像をそのまま出してくるのです。

みつろう　すると、僕たちの脳は、5秒前の世界を認識しているということでしょうか。

保江　5秒というのは、静止画のように見えた中の時計に着目するのにかかった時間が、たまたま5秒だったということで、単なる例えです。

そして、なぜ僕が黒船の話を知っていたかというと、ちょっとした経験を心理学者に話したのがきっかけです。

ご存知のように、僕は以前、女子大で教鞭を執っていました。お昼休みには、学食で昼食を食べてもいいけれど、まわりは女子大生だらけなわけです。

そこでは、例えば、僕が食べているうどんをツルッと落とすと、ケラケラと女子大生に笑われていました。女子大とはそういう所ですから、落ち着いて食べられる気がしません。注目されていると思うと、緊張もしますから。

だから、最初は女子大生に囲まれることを喜んで学食に行っていたのですが、そのうちに外に食べに行くようになりました。

大学から歩いて15分ぐらいの所に、安くて量が多いうどん屋があり、そこはむさ苦しい感じのおじさんや、体育会系の男子学生とかがやってくる食堂でした。かけうどんは200円で、天ぷらなどを載せて500円も出したらすごく豪華という場末のうどん屋です。

その店には大きなテーブルが四つあって、その周りに適当に座って食べるのですが、僕はほぼ毎日そこに通っていました。

ある日、いつものように食べていたら、扉がガラッと開いたのでチラッと見ると、ずいぶん若い美人が入ってきました。

場末のうどん屋になぜこんな可愛い子が来るのか、不思議に思いつつ食べ続けて、ふとまた彼女のほうを見たのです。すると、さっきは18歳くらいの可愛い子だと思ったのに、美人だけれど30歳前後に見えました。

続けて食べているうちに、店員が注文を取っている会話が聞こえて、またちらっと見たら、今度は40代後半に見えました。

「あれ、おかしいな」と思いながらまた食べ進め、店員のおばさんが奥から彼女の席にうどんを運んだので再び顔を上げると、なんと、70歳くらいのおばあさんだったのです。

みつろう　秒針が5秒進んだことなんか、お話にならないくらいすごいですね。50年も進んだのですから。

保江　自分の目が大丈夫か心配になって、何回も見直しました。結局、うどん屋のおばさんと同じ70歳ぐらいの人だったのです。

その後、大学のキャンパスに戻って研究室に行こうと歩いていたら、ちょうど向こうから同僚の心理学の先生がやってきました。

そこで、彼にうどん屋での出来事を話すと、「ああ、よくあることですよ」といって、その理由を教えてくれたのです。

それは、脳が本人を騙すことで起きるそうです。先ほどの話と同様なのですが、視覚認識において、網膜に映ったままのデータをいちいち処理すると、データ量が大きすぎて脳がパンクします。そこで手を抜くのです。

網膜に映ったものが最初に行くのは、後頭部の視覚野という部分です。この視覚野から思考を司る前頭葉の大脳皮質の部分にデータを送る所に、脳幹網様体があります。

みつろう　電線のような、データを送るための線ですね。

保江　脳幹網様体とは、送る途中にある網目状の神経組織で、例えると人間の古い爬虫類の脳と進化した大脳皮質をつなぐものです。その脳幹網様体のすぐそばに海馬があって、海馬は記憶からデータを引っ張ってくる役目をします。

そして、その隣に脳幹網様体があります。その脳幹網様体が、視覚野から前頭葉の大脳皮質にデータを送るときに手を抜くのです。

つまり、隣の海馬を使って、その人の記憶の中で一番読み出しやすいデータを持ってくるというのです。そうやって、代用しておく。

ですから、うどん屋で見た女性客がピンク色の服を着ていたから女性だと認識した僕の脳幹網様体は、リアルな70歳のおばあさんの姿形を出さないわけです。

とりあえず海馬を動かして、僕の記憶の中にある一番引っ張り出しやすい女性の姿形を当てはめます。

僕にはそれが18歳から22歳までの女子大生で、しかも僕は授業中に可愛い子しか見ていないから（笑）、若い可愛い子の記憶データがたくさんあり、それらを引っ張り出して作られた映像なので、最初は18歳の美人が入ってきたと思ったのです。

もう1回見たら、「今度は二度目だし、もうちょっとリアルにしよう」と判断した脳幹網様体がデータを補正して、海馬経由でもう少し実態に近い、でも取り出しやすいデータを使うと、今度は30過ぎの美しい女性になりました。

何回か繰り返していくと、最後にはもう手抜きができなくなってくるのです。

みつろう　真実が見えたわけですね。

保江　はい。真実というのは、何回もじっくり見ないと現れないのです。

こうしたことを、その心理学の先生が教えてくれました。僕はそれを聞いて、少し興味を持ったのです。自分が70歳のおばあさんを18歳の美人と見間違うなんて、かなり驚くようなことでしょう。

それが、よくあることだというのですから。

脳の作用だと知ってすごいなと思い、「もうちょっとそれを詳しく教えてよ」と、後日、その心理学の先生の研究室に行って聞いたのが、黒船の話です。

当時の記録が残っているともいっていました。

みつろう　きちんとした記録が残っているというのは、初めて聞きました。

保江　さらに心理学の先生は、もっと面白いことも教えてくれました。

じつは、この脳の視覚認識については、心理学界で非常にホットな話題だったらしいのです。

まず、彼が教えてくれた話がすでに論文になっている。

若い頃に事故で失明した人がいて、30年後に、視力を復活させる手術法が編み出されたことで、初めてその手術を受けるというニュースがアメリカで報道されました。

すると、視覚認識を研究していた科学者たちが、その患者と医師にある実験をさせてくれと頼み、承諾をもらうことができたのです。

その患者はそれまで、触覚で全部の物体を認識していました。これがペットボトルだとかテープルだとかわかるのは、触ることで形を知っていたからです。

手術が終わって包帯が取られ、30年ぶりに視覚が戻ったとき、科学者はペットボトルを目の前に置いておきました。

そして、「目の前に何がありますか」と聞いたところ、「テーブルの上にペットボトルが置いてある」と、ちゃんと視覚認識できていました。

医師は、「手術が成功してよかった」といっていたのですが、科学者たちは、視覚認識が正常かどうかをさらにチェックするために、車椅子に乗った患者を病院のあちこちに連れて行って、物の名前を聞いて回ったのです。

例えば、「外の駐車場に置いてあるのは何ですか」と聞くと、患者は「自動車です」と答えました。目が見えなくても、車に触ったり乗り込んだりしていたから認識できたわけです。


最後に、病院の建物の補修とか、壊れた部品を直したりするエンジニアが詰めている地下の工場のような部屋に行きました。

そこには、旋盤が置かれていました。旋盤というのは工作機械で、小型トラックぐらいの大きさの鉄の塊のような、複雑な装置です。

普通の人はほとんど、旋盤を見たことがありません。どこにでもあるようなものではありませんから。

みつろう　僕も見たことがないですね。

保江　もちろんその患者も、見たことも触ったこともありませんでした。

そのような人が旋盤の前に連れていかれて、「目の前に何がありますか」と聞かれたとき、「何もない」と答えたのです。

「じゃあ、何が見えますか」と聞くと、「壁が見えます」といいました。旋盤が目の前にあるから壁が見えるわけがないのに、「ドアに続いている壁がある」と。

みつろう　完全に抜けているんですね。

保江　そこがブラックやモヤモヤに見えているのではなくて、ちゃんと壁として補正されているわけです。

「じゃあ、目を閉じてください」といって、今度は手探りで旋盤を触らせました。その人はそうやって長年生きてきたから、初めてのものでも触覚で全体像をつかめました。それで、「これが旋盤ですよ」と教えてから目を開けさせてみると、今度は旋盤が見えた……認識できたのです。

みつろう　手で触ることで脳に認識させた……、事前のデータを持っておけば見えるわけですね。

保江　要するに、その実験でわかったのは、予めその人の認識データの中になんらかの似ているものがない限り、視覚認識できないということです。

さらに、その心理学の先生が教えてくれたのは、フランス人の文化人類学者が行った、もっと面白い実験についてです。

アフリカのマダガスカル島の近くに小さい島があって、そこに未開民族が住んでいます。現地に入ってその実態を調査することになったフランス人の文化人類学者は、何年もその島に住み、現地民族の仲間になって研究をしていました。

彼らは、ほとんど文明と接触したことがない人たちですが、なんとなく言葉はわかって、意思の疎通もできるようになりました。

ある日、その島の沖をフランス海軍の航空母艦が通ったので、彼は村人たちに、「あれが航空母艦といって、飛行機を飛ばすための船だ」と説明したのですが、村人たちにはまったく見えなかったのです。

ちなみに、未開民族が使っている船は、カヌーのような丸木舟でした。

みつろう　何人ぐらいの人が見えなかったのでしょうか。

保江　全員です。

みつろう　全員ですか……、すると、半分の人が黒船が見えたという日本人は、すばらしい想像力を持っていたといえますね。

保江　そうですね。

みつろう　船にギャップがありすぎたのかもしれませんね。その見え方はどんなものだったのですか。

保江　海の水平線しか見えていないような状態です。

みつろう　村人たちは、何人ぐらいいたのでしょう。

保江　正確な数はわかりませんが、50〜60人はいたでしょう。でも、全員が見えなかったわけです。

社会人類学者は、なぜ彼らには見えないのだろうと悩んで、「ひょっとして、見たことがないものは見えないんじゃないか」と見当をつけました。

そこで彼は、研究成果を書いた手紙をフランスへ送るときに、フランス海軍にも依頼文書を送りました。

その内容は、「文化人類学上の重要な実験研究なので、○月○日○時に航空母艦でこの島の沖を通過してほしい。ただし、航空母艦の側面に、ペンキで巨大なバナナの絵を描いてくれ」というものでした。

みつろう　面白い実験ですね。海軍は承諾してくれたんですか?

保江　してくれたのです。そしてその当日を迎え、彼は村人に何も説明せず、ただ海が見える所に集めました。

するとと、予定どおりその時間に、再びフランス海軍の航空母艦が沖に現れました。ただし、今度はバナナの黄色い絵が船体に描いてあります。

社会人類学者は何もいわず、村人たちの様子を見ていました。

すると、村人たちがワイワイ騒ぎはじめました。「バナナが海に浮かんでいる」と。遠くの航空母艦の船体に描いてあるバナナは、そこからは本物のバナナと同じくらいの大きさに見えたので、すぐそこにバナナが浮いていると思ったわけです。

そして、一斉にバナナを取りに泳ぎ始めました。けれども、行けども行けどもバナナにたどり着きません。

みつろう　遠近法の関係で、普通のバナナがそこにあるように見えたということですね。

保江　それで結局、みんな戻ってきました。そこで社会人類学者が、「あれが航空母艦だ。船体の側面にバナナの絵が描いてあるんだよ」と説明したところ、やっと航空母艦を認識することができたという。それまでは、バナナしか見えていませんでした。

みつろう　バナナを介してやっと理解したと。

保江　視覚だけではなく、他の感覚も同じように、経験がないと覚えづらいのです。

量子力学の観測問題と人間の認識の共通点

みつろう　じつは僕もこのことを、人間の不思議な話として本に書いたことがあります。これもよく思考実験でやりました。

よくよく考えたら、先に脳内にデータがないものは認識できるわけがありません。僕たちは、先に知っているもの以外は見えていないはずなんですよね。

例えば、僕が今ここにテーブルがあるといえるのも、それが知っているデータだからです。

認識という行為は先にデータありきで、そのデータと照らし合わせることで鑑賞ができるわけです。

何もデータがなかったら、視界に入っていても認識できるわけがありません。

保江　それを、すでに述べた量子力学の話に当てはめてみましょう。

ボルン近似の話です。

「初期状態はこうで、終期状態はこういう可能性があって、ここに行く確率がこれだけで、状態の遷移確率はこれだけです」という風に条件付けをして、初めて認識、または観測できます。ところが、本当のところはブラックボックスがあって何かおかしなことが起きてしまうと、いつまで経ってもわからないというか、観測できないのです。

なぜできないかというと、予め、観測結果として我々が認識できるものを用意していなかったからです。

観測結果として、我々が認識できているものが用意されている、例えばこの方向にこういう風に電子が飛んでいるという状態なら認識できます。こっちの方向にこれが最初にやってくるというのも、認識できます。

ボルン近似を使えばそうして手を打てるだけで、本当はシュレーディンガー方程式や他の方程式を使っても、フォン・ノイマンが苦労したように我々が認識できる状態として用意ができないから、いつまで経っても認識できない、観測できない。それと同じことなのです。

だから、面倒なことはやめて、認識できる状態を先に用意しておける、その確率を簡単に計算できる方法でいいということです。これで初めて、認識したつもりになれたわけです。

同じことでしょう?

みつろう　同じですね。データを知っているかどうかが重要だということですね。

保江　予めデータを知らないものは、実験すらできません。

でも本当は、予めわかっているような実験結果を、必ずしも導き出せるわけがないのです。

例えば、新しいミクロの世界の何かとかね。データがないとダメというのでは、いつまで経っても測定も観測もできません。

だから、とりあえず我々の認識の中に、観測結果としてこんなものがあるとセットしておき、その中のどれかになることにする……、そうでもしないと、認識ができないのです。

そういうわけで、いみじくも観測問題というのは人間の認識と似ているのです。人間が認識して初めて、状態が決まるということです。

このように、量子力学の観測問題と人間の認識には、共通点があります。

それで、「人間が認識することで現実が定まる」といい出す人も出てきたのです。まあ、それは無理からぬことですね。

みつろう　そのいい方でも、間違いではないですからね。

保江　つまり、認識というのは、そこに既存のデータがあって、そのどれかに落ち着くということなのです。

みつろう　そうでないといつまでも認識できないのですね。

保江　やはり認識というのは、どこかで手を打つ必要があります。

40歳に見えたらそこで手を打つか、70歳という真実が見えるまでしつこく観測するか……。

18歳のところで手を打っておければ一番幸せですね。

みつろう　深追いしないほうが幸せです（笑）。

ボルンは、18歳で手を打ったということになりますか。

保江　そうです。だから一番幸せでした。

みつろう　シュレーディンガーは70歳まで追いかけたということですね。

保江　死ぬまで追いかけたわけです。

フォン・ノイマンは「シュレーディンガーの猫」と理論をつないでボーアを黙らせた

みつろう　ところで、もう一度、シュレーディンガーの猫の話をお聞きすることはできますか。

保江　いいですよ。猫の話もそんなに難しいわけではないです。シュレーディンガーやボーアたちが最終的に提唱した話です。

確率解釈について、「これはおかしいだろう」ということで引き合いに出した思考実験です。

みつろう　わざわざコペンハーゲン大学という敵地まで来てやったのに、ボーアが部屋まで追いかけてきたという件がありましたが、猫の実験についてはあれよりも後ですか。

保江　後です。

みつろう　やっぱり、仕返ししたんですね。

保江　まあ、仕返しといえばそうなるかもしれません。

みつろう　帰った後は、ノイローゼのようになったんですよね。それで思いついたのが猫の思考実験でした。

保江　閉じた箱の中に放射性同位元素で電子を右に飛ばすという状態と、左に飛ばす状態の重ね合わせ、つまりスリットでいえば右も左も開いた状態です。その場合、電子が右にも左にも飛ぶ可能性があります。

そういう放射性同位元素を、閉じた箱に入れたときに電子が飛んで、右のほうに置いている電子の検出器がそれを感知します。

みつろう　センサーですね。

保江　センサーが電子を検出したら、スイッチが入って毒ガスが噴射され、中にいる猫は死にます。もし電子が左に飛び出たら、センサーは検出しないから毒ガスを出さず、猫は生きている。

そういう状態にして放射性同位元素をセットして閉じたとき、さて猫は生きているのか死んでいるのかという問題です。

ボーアなどコペンハーゲンの人たちは、観測者が観測するまでは右に出るか左に出るかわからないといっています。

みつろう　右に出るのと左に出るのと、どちらも確率的にはあるということですね。

保江　同時にあると主張しています。しかも、観測者が観測したときには、例えば右に出るという結果、あるいは左に出るという結果が決まっていて、そこに収縮するといっています。

みつろう　観測するまでは可能性が二つ重なっているというのがコペンハーゲン解釈ですが、観測することでなぜかそれが一つに収束するのですね。

保江　一つが選ばれることを、彼らは収縮と呼んだのです。
死んでいる状態か生きている状態かになるのだが、観測するまではわからない、重なった状態だと。

みつろう　両方あるといったのですね。

保江　重なっているといったのです。

みつろう　フィフティ・フィフティで。

保江　電子が右に出る状態と左に出る状態が、フィフティ・フィフティで重なっています。

みつろう　この状態で放射性同位体に対して何かやるのでしょうか。右にするか左にするかが前提としてあるということですか。

保江　放射性同位元素というのは、ある一定時間経ったらどっちかに電子を出すのです。

みつろう　僕たちが開ける前に、右か左に出ているのですね。
この中において、もう結果は決まっているはずだという。

保江　決まっているはずです。どっちかになっているはずだから、猫は生きているか死んでいるかなのです。
でも彼らのいい方だと、猫は生きている状態と死んでいる状態の重ね合わせになっているというのです。

みつろう　同時にあると君たちはいっているから、その状態からマクロの世界まで展開させれば、死んでいる猫と生きている猫がこの箱の中で重なっているといえるのかということですね。

保江　そうです。

みつろう　これは思考実験ですが、実際にやろうと思ったらできたのでしょうか。

保江　いいえ、それは無理です。

みつろう　だから思考実験なのですね。これをボーアに突きつけた結果は……。

保江　ボーアは、「もちろんそうだ」といいました。

みつろう　そうだといったのですか。

保江　「生きている状態と死んでいる状態が重ね合わさっていることは、間違いない」といいました。

「だったら、いつ猫の生死を確定するのか」とシュレーディンガーに聞かれると、

「観測したときだ」と。

シュレーディンガーは、「観測というのは、蓋を開けて物理学者が見ること」で、そのときにたまたま死んでいたとしたら、「自分が開けて覗いたから猫が死んだというのか。それはおかしいじゃないか」と主張しました。

「どう考えても、蓋を開ける前から猫は生きているか死んでいるかのどちらかだ。蓋を開ける前から答えは決まっているのに、君らの解釈だと、死んでいる状態と生きている状態が共存している

というのか」と問うと、

「とにかくそうなんだ」といい続けました。

みつろう　そういいながらも、ボーアの気分としてはどうだったのでしょう。本当はそんなわけないと思っていたのでしょうか。

保江　もちろん思ったでしょう。常識的におかしいですから。

みつろう　シュレーディンガーが思考実験を出したことで、もうギャフンといったでしょうね。

保江　放射性同位元素をセンサーで検出するというところまでは量子力学でもいいけれど、その後スイッチが入って毒ガスが出て、猫が死ぬというのはマクロの日常の世界でしょう。

そんなところにまでつなぐな、とボーアはいいたかったのだけれども、すでにフォン・ノイマンがつないでしまっていたわけです。

検出器のスイッチも原子、分子でできて、毒ガスも原子、分子だし、猫の体もそうでしょう。だから結局は、同じことだといわざるを得ないのです。

みつろう　そもそも僕たちがマクロに見ているこの現象世界も、観測者たる者が観測するまでは、生きている猫と死んでいる猫が平気で共存しているという状態じゃないとおかしいですものね。

保江　シュレーディンガーはあくまで常識的な人だったので、確率とか両方の状態が重ね合わさっているという考え方はおかしいだろうと思って、それを示すのにシュレーディンガーの猫という発想をしたのです。

みつろう　どちらかというと、ボーアたちのほうが夢があるのでしょうか。

「この世界は、観測者が観測するまでは状態が重なり合っているんだぞ」という不思議な夢を持っているというか。

保江　この世界というか、原子分子、ミクロの世界ではそうなっている、といっていました。

みつろう　でもそれを、天才フォン・ノイマンがつないでしまいました。ミクロとマクロをつないでしまったせいで、論理が破綻しちゃったわけでしょう。

保江　でもそれはあくまでも思考実験でしたから、あいまいな状態になっていたわけです。そのこともあって、観測問題というものが浮上してきたのです。

「これはおかしいぞ。ここは決着をつけないといけない」と、みんなが考え始めたわけです。

パート10　全ては最小作用の法則（神の御心）のままに

みつろう　ところで、多世界解釈で知られるエヴェレット（＊ヒュー・エヴェレット3世。1930年～1982年。アメリカの物理学者）はいつ頃出てきたのですか。

保江　彼はずっと後です。1950年代にプリンストン大学の大学院生でしたから。

みつろう　僕が読んだ本には、そうやって観測問題が沸き起こったときに、「みんなが見逃している点が一つある。そもそも、観測者も原子の集団だよ」といったのが大学院生のこの天才だったとありました。

保江　エヴェレットは、天才でも何でもないですよ。

みつろう　その本では、それまで誰もが見落としていた点を初めて発見した人という扱いでした。それまでは、誰も指摘しなかったという意味です。

保江　誰も指摘をしなかったのは、そんなアホなことは粒立てていわなかったというだけです。

みつろう　そうなのですか。

保江　そのときのプリンストン大学の物理の先生たちもみんな、観測者が原子分子でできている、観測装置も原子分子でできているともちろん知っていました。

でも、そこまではいわないのです。

みつろう　やはり、考えていなかったのですね。

保江　考えていないというか、切り離しているのです。

物理学というのは、大自然をすべてそのまま記述するものではありません。記述されるものは記述されるものとしてまず切り取って、それについてのみ観測したり、ああでもないこうでもないと考えるのが物理学です。

「周りで議論する観測側までを、今使っている自分たちの道具で記述するものではない」というのが常識でした。

みつろう　当時はそれが当たり前だったのですね。

保江　今もそうです。それが、物理学という学問の根幹なのです。

この自然界全部をつながっているものとみなして、すべてに当てはめるとか、応用するといったものではないのです。

みつろう　それだと一般人としては、なにか納得いかないというか……。切り離された空間ということだと、あちら側とこちら側との間にまったく干渉がないような……。

保江　そうなるのです。

みつろう　僕の感覚としては、つながっていないものなんてないはずだと思ってしまうのですが。

保江　だからそこは、近似です。物理学は元々近似ですから。本当はつながっているのです。

みつろう　つながっていないもの、切り離されたものなんてないですものね。

保江　でも、そこを切り離したものとして、着目して調べて考察するのが物理学というわけです。エヴェレットはまだ駆け出しの大学院生だったから、物理学がそういうものだということを理解していなかったのですね。

みつろう　一般人の意見としての発言だったのですね。

保江　フォン・ノイマンも数学者でしたから、物理学者特有のそうした考え方で物理学が成立していることを知らなかったのでしょう。それで泥沼になっていきましたが、それと同じことです。

みつろう　でも、フォン・ノイマンもコペンハーゲン解釈の一派ですよね。それに対して、多世界解釈がエヴェレットということでいいですか。

電子というのはどちらかの状態になるということをボーアがいい、それをギャフンといわせてやろうとシュレーディンガーが思考実験を考えました。

それをマクロの世界、猫までつないだのがエヴェレットがやったことですね。

保江　そして、「もう、こんなのはおかしい。破綻するだろう」となったわけです。

みつろう　例えば、９時30分になったらこの放射性同位体の右か左か、どちらかに電子が絶対に出てくるとすると、９時30分には猫が死んだか生きたかの状態になっている。

今が10時だとすると、９時30分の時点で死んだか生きたかの結果が出ているはずなのに、コペンハーゲン解釈派のいい分では、死んだ猫と生きた猫がこの中で重なり合っている。

10時だろうが11時だろうが、観測者が開けた瞬間に、死んだ猫と生きた猫が、なぜか一つの状態にシュッと収束される。

保江　どちらかになる。

みつろう　ここが一番不思議であり、問い詰められるポイントで、そういわれてボーアはきちんとした反論はできなかったわけですね。

保江　内心、困っていたのです。でも、「シュレーディンガーのいうとおりです」とはいえない立場にありますからね。

みつろう　ですよね。コペンハーゲン解釈の一派のせいで、量子力学はおかしなことになってきたわけですね。

保江　そうです。一般の常識的観点からはおかしいです。

みつろう　そこで、観測問題というものが湧き上がりました。

みんなでああでもないこうでもないとやっているうちにエヴェレットという大学院生が出てきて、

「観察の対象は確かに収縮していると君たちはいっているが、見る側である観測者もよく考えたら電子の集まりだから、そこに境界線なんて引けない。ということは、死んだ猫を見ている私と、生きている猫を見ている私という、二つの私がいる世界がある」といったのですよね。それが多世界解釈ということでいいですか。

保江　猫が死んでいることを測定し、その結果を見て認識した世界と、猫が死んでいないという測定をした世界があるのです。

みつろう　量子的につながっているからですね。

保江　猫が死んでいる世界が今、実現していると思っていても、それはたまたま自分がその世界にいるからにすぎない、ということです。逆に、猫が生きているということを認識している自分がいる世界がどこかにあるはずだという、これが多世界解釈です。

みつろう　そもそも死んだ猫という状態があり、それを観測している自分も電子の集団で、全部がつながっているわけですよね。

そして、この一つの状態がたまたまあるけれど、それとは違う状態もどこかにあるというのが多世界解釈ですね。

保江　ちょっと違います。つながっていたら、フォン・ノイマンのように、結論が出ないのです。

こちら側も電子や原子でできているからつながっているというだけでは、どこにも観測や収縮が起きないわけです。観測する側も原子分子となると、観測ができません。

だから、猫は死ねないのです。なぜなら、観測する人間まで入れて、それが原子分子でできているからこれも量子力学で記述しないといけないとなったら、生きている猫を見ている、死んでいる猫を見ているという状態を認識している観測者の体も、いつまでも状態の重ね合わせのままだからです。

みつろう　どこかで、観測の切り離しが起こらないといけないわけですね。ただ、多世界解釈の人たちがいったのは、現実に、猫は死んでいるか生きているかしかない、どちらかが起きているこの世界があるのなら、もうひとつが起きている違う世界がないとおかしいよね、というのが多世界解釈ですよね。

保江　エヴェレットの多世界解釈というのは、例えば箱を開けて猫の生死を観測したとき、そのときたまたま猫が死んでいたとします。その死んでいる猫を見ている観察者である自分と、死んでいる猫の両方がいる世界に今、います。

それと並行して、この宇宙の隣かどうかはわかりませんが、観測したら猫が生きていて、その生きている猫と、観測して生きている猫がいると思っている観測者がいる世界があります。

エヴェレットがいったのは、これだけのことです。

みつろう　死んだ猫がいる世界と、生きた猫がいる世界があるよ、ということをいったのですね。

保江　そういうことです。だから、世界がたくさんあります。

みつろう　世界は可能性の数だけあると。

保江　可能性の中で出てきた結果がある分だけ、多数の世界があるのです。

その中のAという世界にたまたま、今、私がいるだけであって、本当はBという世界やCという世界もあるんだよと、エヴェレットはいったのです。

みつろう　多世界間はもちろんアクセスはできないはずなので、この世界にいる者としては知り得ないし、ここでの結果は一つです。この結果の中のAという世界にいるけれど、Bという世界もあるんですよね。

保江　それは、この可能性がある一方で、他の可能性もあるというのと本質的に同じなのです。「この結果の世界がある」、「他の結果の世界がある」ということと、「この結果の可能性がある」、「他の結果の可能性がある」というのは同じことでしょう。

それをエヴェレットは「世界がある」といったために物理学界からは認められず物理学を去ることになったのですが、一般向けにはセンセーショナルでした。

たくさんの宇宙や世界があるというのは、ＳＦチックで興味を惹くものですから。

みつろう　不思議な感じがしますからね。

保江　だから、一般的には面白いといわれただけで、物理学者の世界では、「そんな風にいい換えたところで何にもならないだろう」という評価だったのです。

「こういう可能性がある、こういう可能性もある」と普通の物理学者がいうところを、「こういう世界がある」といい換えただけの、言葉遊びと捉えられたわけです。

実際、どうやってその世界が選ばれたのかというと……。

みつろう　「なぜ私は、数ある世界の中のここにいる私なの？」と問われたら、それには答えられないですよね。

保江　結局、「なぜたくさんの可能性がある中で、この可能性が実現したのか」には答えられないのと同じことです。

みつろう　エヴェレットももちろん、それには答えられなかったのでしょうね。

保江　SF的で面白いというだけであって、多世界といっても現実味がないわけです。物理学の普通の考え方では、こういう確率でこうなる可能性があるというほうが、よりリアリティがあります。一般人にとってのリアリティは、多世界解釈、SF解釈かもしれませんが。

みつろう　そうですね、SF解釈のほうが面白いです。

保江　「まったく交流はできなくても、どこかに自分が大金持ちになっている世界がある」と思うのが楽しいから、みんなが飛びつくわけです。

みつろう　パラレルワールドと似ていたおかげですね。

保江　そういうことです。

みつろう　僕は、パラレルワールドは全然違うと思っています。ここにいる私はこの私しかいないと思っているので。でも、エヴェレットはそういった。

保江　彼は大学院生の身分でしたから物理学界では相手にされていませんでしたが、量子力学を一般向けに取り上げる本などでよく、引っ張り出されていますね。

かといって、エヴェレットがブラックボックスの中のツールを何か発明したかというと、何もしていません。そういう者に対しては、物理学者は冷ややかなのです。

言葉遊びのような発言をしただけで、それとコペンハーゲン解釈とどちらが正しいかは判別できませんから。

片や、コペンハーゲンの人たちが長い間苦労して実践してきたもので、片や大学院生が思いつきでいったことですからね。

みつろう　観測者まで含めるといったわけですね。

保江　含めるのは、フォン・ノイマンだってやりました。フォン・ノイマンは、世界を使ったのです。「結果ごとに世界が実現している」という文字どおりの解釈だけを残しました。
　だからそれは、神様解釈でもいい……、神様が全部やったといってもいいのです。

みつろう　解釈だから、何でもいいことになりますよね。
　コペンハーゲン解釈、多世界解釈……。

保江　そもそも、エヴェレットの多世界解釈をコペンハーゲン解釈と比較すること自体、おかしい話なのです。

みつろう　同列にするなということですね。

保江　同列にするのが、そもそも問題です。
　コペンハーゲン解釈では大勢の人が血のにじむような苦労をして、フォン・ノイマンまで巻き込んだのに、エヴェレットの多世界解釈は、世界がいっぱいあるといっただけでしょう。ただの思いつきだった。

物理学者にとっては、大迷惑だったわけです。

みつろう　量子論の人たちにとっては迷惑だったのですね。

保江　今のスピリチュアル系と称する人たちが、量子とか量子力学とか波動とかについて、間違った解釈で話をするのが迷惑であるのと同じレベルで、エヴェレットも迷惑だったのです。

だから僕も、これまでできるだけ多世界解釈についてはタッチしないことにしていました。

けれども、並行宇宙のようなものでSF的だから、一般の人を惹きつけるのです。

みつろう　みんな不思議が好きですからね。

量子力学も、コペンハーゲン解釈の時点で不思議です。だってコペンハーゲンの人たちは、猫が生きた状態と死んだ状態が重なり合っているというのですから。

保江　そういい続けるしかなかったからですけれどもね。

みつろう　それを、シュレーディンガーが指摘したということですね。

五つの式の要となるプランク定数――ボーダーとなる「定数0」

保江　でも、コペンハーゲン学派はこうもいったのです。

量子力学のようなミクロの世界と、猫の生死のようなマクロの日常世界を同じ枠で論じるなと。そういうしかないでしょうね。対象物の大きさもまったく違いますし、量子力学と、古典力学や生物学という違いもある。それらを同じところで論じるなということです。

繰り返しになりますが、物理学というのは、対象物を部分的に切り取って、猫だろうが人間だろうがそれだけについて研究や議論をします。猫の生死だけを見たいなら、生物学などを使って猫のみでやることに徹するという考え方です。これは正論です。

しかし、ここでさらに問題があって、それがＥＰＲパラドックスです。

シュレーディンガーの猫の話が湧いて出て、フォン・ノイマンという超天才も出てきて、ついにはアブストラクトエゴが出てきて、それはもう神様だとかいい始めるという、もう混乱の極致だったのです。

コペンハーゲン学派が、猫のスケールと電子のスケールを同じ土俵で扱うなといったことに対して、やはり大多数がそれに賛成したわけです。量子力学が扱うのはミクロの世界だからです。

猫は生き物の世界、マクロの巨大な世界であって、そんなものを一緒にすべきではないという意見に、ほとんどの人は納得したのです。

そこにちょうど、ナチスから逃げてきて戦後もアメリカに住んでいたプリンストン高等研究所のアインシュタインがいて、ポドルスキーとローゼンという二人の弟子と研究をしていた。

その頃、ヨーロッパでは観測問題が話題で、「天下のフォン・ノイマンも苦しんで、こんなことをいっている。シュレーディンガーも猫を持ち出してきて、それに対してボーアは、小さいものと大きいものはまったくスケールが違うから別のことであると正論をいっている」などと噂になっていました。

みつろう　スケールが違うという点には、誰も突っ込まないのですか。

保江　ほとんど正しいですから。

みつろう　ミクロの世界とマクロの世界につながりがないというのなら、その境界はどうなっているのでしょうか。

先生であれば、「フラーレンぐらいになったら安定する」という知識をお持ちですが、一般人からすると、「世界はすべてつながっている」とか、相似象があるとか思ってしまうのですが。

保江　ボーアは、ミクロの世界とマクロの世界がどう違うかということを論じました。それは、自己擁護するためです。

みつろう　猫までつなげられてしまったので、そうせざるを得なくなったのですね。

保江　猫にまでつなぐのは無茶苦茶だよということです。

例えば、テーブルはそもそも原子分子でできており、マクロだと考えました。原子の1個2個は量子力学が受け持つ小さいもので、量子力学的な存在であり、それが10の23乗個のようにたくさん集まれば巨視的なものになって、ニュートンの運動方程式に合うわけです。

それでは、一体どこからその違いが生じるのか。

普通の物理学者たちが考えたのは、プランク定数が0になるかどうかです。シュレーディンガー方程式もハイゼンベルクの方程式も、プランク定数が0になる極限で古典力学になります。
僕の保江理論の最小作用の法則でも、ファインマンの経路積分でも、全ての道具においてプランク定数が入っていて、それは0．000……という小さい数だけれどもゼロではありません。

プランク定数についておさらいしますと、量子力学のエネルギーのやり取りを、例えばある基礎的な大きさの整数倍でやるという、プランクのエネルギー量子仮説があります。
そのエネルギーの基礎単位はプランクが提案した定数で、それをプランク定数というのでしたね。

みつろう　実際に数があるんですね。

保江　そうです。それで、アインシュタインの光量子仮説で周波数νの光・電磁波というのは、これだけのエネルギーを持っている光量子・フォトンがあるというときに、その周波数×プランク定数の大きさのエネルギーだと説明します。

みつろう　それが毎回出てくるのですか。

保江　そうです。量子の世界には毎回、このプランク定数が出てくるのです。

プランク定数は最初、黒体放射という溶鉱炉の中の光の強さを、実験と合わせるために提案されました。このエネルギーのやり取りが整数倍でしかできないというその値は、「6.62607015 × 10^{-34} m^2 kg / s」という数が元になるということをプランクが見つけたので、プランク定数というのです。

みつろう　この数がないと、にっちもさっちもいかないのですね。

保江　そうです。この定数が別の値だったら、もうどれもわからなくなります。

みつろう　でも、プランクは計算で求めたのですよね。

保江　実験結果に合うようにするには、彼の理論の中のエネルギーの基礎単位がこれでないといけなかったのです。

みつろう　黒体放射という現象から始めて、実験結果に合わせて整数倍にするために計算をしていったということですね。

保江　とにかくこの定数の整数倍でエネルギーをやり取りしているのであれば、全部説明できると考えたわけです。

みつろう　それの定数は、アインシュタインの光量子仮説にも、保江先生の方程式にも出てくるのですね。

保江　シュレーディンガー方程式にも、全部に出てくる、基本となる数なのです。だからプランクは、量子論の生みの親といわれています。

みつろう　全部に出てくるとは不思議ですね。先生たちの五つの式に、プランク定数が毎回出てくるなんて。

保江　これを入れておかないと説明ができないからです。さて、ボーアが、ミクロの世界とマクロの世界の区別を論じました。

そして、プランク定数はシュレーディンガー方程式にも、ハイゼンベルクの方程式にも、僕の方程式にも、ファインマンの経路積分にも入っています。

そのプランク定数を0とみなす極限があります。本当は0ではなく、0．000……という有限の大きさですけれども、プランク定数が0になったと見なして方程式の中のプランク定数を0にするのです。すると、どれもが古典力学に移行します。

僕の場合は、プランク定数を0にしたら、古典力学における最小作用の法則になりました。ハイゼンベルクの場合は、プランク定数を0にしたら古典力学のハミルトンの運動方程式になります。シュレーディンガーの場合も、プランク定数を0にしたら出発点のハミルトン - ヤコビの運動方程式に戻ります。

それは当たり前なのです。なぜなら、量子の世界はプランク定数が有限の大きさで、マクロの現実の世界は、プランクが最初に、「プランク定数という有限の大きさの整数倍でエネルギーをやり取りする」と黒体放射を説明しているからです。

プランク定数が0になるということは、エネルギーのやり取りの大きさは何でもいい、どんな値でもいいということになり、それが古典物理学です。

それで黒体放射は説明できませんが、古典物理学の世界に戻るということなのです。

だから、プランク定数が0になっていれば古典物理学に復帰するということは、すでに物理学者は予想していました。

案の定、形式的にプランク定数を0として方程式を書いてみたら、ネルソンのF＝maもニュートンのF＝maに戻ってしまった……、つまり、整合性があるということです。

量子力学はh、それはプランク定数が0ではない世界で、古典力学はプランク定数が0の世界なのです。


最初はボーアをはじめ、物理学者は皆、古典力学の世界、マクロの世界はプランク定数が0だといっていました。

シュレーディンガーが波動方程式、シュレーディンガー方程式を解いて出てきた水素原子のエネルギーの値だけではなく、水素原子の大きさ。軌道の幅、水素原子の原子核の周りにどのくらい電子が広がっているのかなどがわかるようになったのです。

実際に、ボーアが提唱したのがボーア半径という、水素原子の第一軌道半径を表す物理定数です。

それも計算で出て、当然ながら、その中にプランク定数が入っています。

みつろう　整数倍なのですね。

保江　それで、このhを0にしました。ボーア半径の表式でhを0にしたら原子の大きさが0になった、ということは、原子は潰れたわけです。

0の大きさの原子を10の23乗個持ってきても0です。つまり、hを0にしたら原子は潰れてしまって、そんなものを集めても巨視的な物質を造ることはできなくなる。量子力学の方程式は古典物理学、古典力学に移行したとしても、実際のこのマクロ、巨視的な物質ができないというのは一大事であり、由々しき事態なのです。

そこでボーアは、古典力学、マクロの世界はプランク定数が0で実現するのではないといいました。なぜなら、プランク定数を0にしたら原子が潰れてしまって世界が消えますから。

「原子の数、分子の数、電子の数が無限大とまではいかなくても、10の30乗とか非常に大きい数が集まったものがこのマクロの世界の物質だ。そこがマクロとミクロの違いである。

マクロである猫は、電子や素粒子、クォークなどといったものが、10の30乗ぐらい集まっているが、ミクロの世界を記述する量子力学の対象は、1個か数個くらいが集まったものだ」と考えたのです。

それで、そこに関与する量子の数でミクロとマクロを区別し、論文にもしました。

それについてはみんなが納得したのですが、実際のところ、10の30乗個もの電子とか原子という と、多すぎて方程式として記述できません。量子力学の方程式を10の30乗個に当てはめて、古典的なニュートンの運動方程式を出すなんてことは、端から無理になりました。

だから、別世界なんだと思わせたのです。それがボーアのやり方です。

とはいえ、これは外れてはいません。本当は有限個ではなく無限個あるからです。

例えば、光がやってきて電子と陽電子ができ、電子がまた電磁場と相互作用してフォトン、光を生むとします。

その光がまた別の陽電子と相互作用してというように、どんどん入り組んでいくのです。

そうすると最初は電子1個、あるいはフォトン1個だったものが、途中から電子と陽電子が増え、それぞれにまた光ができ、光と陽電子が相互作用してまたそこに何かができます。

それから、まったく何もなかった真空中からも、電子と陽電子がポンと出てきます。

結局、正確に数を数えていくと有限個というのはほとんどありません。全部無限にあるのです。

そうやって今の素粒子論では、現実世界の物質は無限個の素粒子を含んでいるというところまでいくのですが、量子力学では無限個を扱えないのです。

みつろう　計算上、無限個が出てきちゃったらもう無理だということですね。

保江　無理なほうが、都合がよかったわけです。ここまでいってしまえば、もうシュレーディンガーも文句をいわないだろうということで、ボーアは、

「マクロとミクロの差に関与する粒子数が、数個程度のものは量子力学で扱える。でも無限に量子が集まったものは巨視的なマクロの物質であり、それには量子力学は使えない。だったら古典力学でやっておけばいいのだ」といって、棲み分けをゴリ押ししてきたわけです。

みつろう　確かにゴリ押しですね。シュレーディンガーはそれで、納得したんですか。

保江　おそらくそれでもう、嫌になったのでしょうね。バカバカしいと。

みつろう　猫の話をしたということは、「ミクロもマクロもつながっているでしょう」ということをいいたかったはずですよね。

保江　そうです。結局ボーアは、シュレーディンガーが正しいと認めたことになるのです。

でも世間には自分たちが勝ったと思わせたいので、「あなたが正しい」という代わりに、「自分たちがいっているのは、原子、分子、電子が数個の範囲だけだ。マクロの猫なんて、無限の電子とか素粒子が集まったものなんだから、シュレーディンガー方程式だって使えないじゃないか」といって逃げたわけです。

シュレーディンガーはきっと、「俺が正しいということを実質認めているくせに、結局、言葉を濁して自分が勝ったかのように世間体を繕った（つくろった）だけじゃないか。あのボーアですらそんな風に逃げるのか」とがっかりしたことでしょうね。

そして、アイルランドのダブリン高等研究所で、一人静かに「生命とは何か」とかいうテーマで講演をして、二度と関わらなかったのです。

みつろう　量子論から離れたわけですね。

保江　量子論の議論の中には、直接は入っていないですね。

みつろう　こんな学問なんか、もう嫌だと思ったのでしょうね。

保江　「自分があんな方程式を見つけなければ、こんな苦労はしていなかった」とまでいったそうです。

アインシュタインがボーアに叩きつけたエンタングルメント

保江　そんな状態だった頃、アインシュタインは、戦後もそのまま存続していたアメリカのプリンストン高等研究所で、悠々自適にいろいろな研究をしていました。

そして、重力と電磁場を一般相対性理論で記述するという統一場理論を考えつつ、「量子力学に対して一矢報いたい」と狙っていました。

そこに、助手のローゼンかポドルスキーか、どちらかが閃いた面白いアイデアを二人で議論して、ボーアにぶつけてみたのです。

みつろう　みんながボーアに何かしたいんですね。

保江　有名人でしたからね。ではそれが、どういうアイデアだったかを説明しましょう。

これも量子力学の不思議で、今は実験でもできますが、例えば2原子分子、原子核が2個ある分子があるとします。

みつろう　原子が2個で結合している分子ですね。H2でもいいんですか。

保江　H2でも何でもいいのですが、電子がいくつかあって、それに外から光でエネルギーを与えます。すると、電子がポンと出てきます。

原子は、原子核の周りにいくつかの電子を持つものですから、複数の電子が原子核の周りにいます。それに光のエネルギー、フォトンを当てると、励起して電子のうちのいくつかが弾かれるのです。軌道の上のほうに行く程度のエネルギーではなくて、もっと強いエネルギーを当てるという前提です。

そのときに、例えば、ある量のエネルギーを与えたら電子が2個、飛び出るとします。毎回、2個飛び出る大きさの光エネルギーを使います。

当時のアインシュタイン、ローゼン、ポドルスキーは、電子が2個あったらという仮定をしただけですが、今は、2原子分子に光を当てて電子を2個ポンと飛び出させるという実験ができるのです。

この2個は、最初は割と近くにいますが、弾き出されると急速に離れていきます。その弾かれた電子が、たまたま反対方向に飛び出たとします。

みつろう　飛び出る速度が速いとなると、あっという間に間隔が猫の大きさぐらいになりますね。かかるのは1秒ぐらいですか。

保江　もっと速いです。1秒だったら、北米大陸の東海岸から西海岸ぐらいでも、ヒュンと行きます。

みつろう　1秒でニューヨークからサンフランシスコに行くんですか。

保江　エネルギーの大きさによってはもっとです。大きなエネルギーを与えれば与えるほど加速します。

つまり、2個の電子の間の距離が、あっという間にマクロの大きさになるのです。

実験では1メートルくらいの距離でやりますが、仮定として月と地球くらいの距離まで離れたとしましょう。ちなみに、光が地球と月の距離を行き来するのに、片道1．2秒ほどかかります。ですから、1．2秒くらい待ちます。便宜上、一つは地球上にあるとし、一つは月まで到達したと仮定しています。

さて、電子というのは、ご存知のようにスピンという自由度があります。測定する方向の上に向くか下に向くかという自由です。ここで地球上にあるほうの電子のスピンを測定すると、スピンダウンだったとします。

その情報は1．2秒たたないと、普通は月には届きません。それで、その1．2秒の前に、月でも測定するのです。

みつろう　同時に測定するのですか。

保江　同時ではなく、1．2秒以内にです。スピンの方向についての情報がとどく前に。

その場合、スピンは上向きか下向きかの結果が出るはずなのですが、実際は地球上でスピンダウンになっている場合には、上向きにしかならないのです。

みつろう　下と測定した瞬間、月では上にしかならないと。

保江　また、地球で測定したら、アップが出たとします。1．2秒で結果が伝わる前に月でも測定したら、本当なら2分の1の確率で上か下になるのに、必ず下になるのです。

みつろう　対のようになるんですね。

保江　地球で観測した方向の、反対方向にしかならない。量子力学のシュレーディンガー方程式でも、ハイゼンベルクの方程式でも、どの定式、フォーミュレーションで解析しても、そのような答えになります。

みつろう　保江先生の方程式でもですね。

保江　はい。片割れを遠い地球上で観測したことが、月ぐらい離れている場所での観測結果に影響を及ぼすわけです。影響を及ぼすためには光でも1．2秒はかかるのに、その前に影響が及んでいます。

それは、どういうカラクリによるものなのでしょうか。

シュレーディンガー方程式などの量子力学で今の現象を記述すると、地球と月だけではなく宇宙の果てまでピューッと飛んで行ったとしても、やはり一方の観測結果が、もう一方に影響を与えます。

これは、感覚的におかしいでしょう。パラドックスなのです。光でさえ、月と地球では1．2秒かかるのに。

みつろう　それが瞬時に伝わるのですね。

これが、エンタングルメント（＊量子もつれ。量子多体系において現れる、古典確率では説明できない相関やそれに関わる現象）ですね。

保江　そうです。

みつろう　そのエンタングルメントの元は何ですか？

保江　過去において、その二つの電子が一度、相互作用しているということが条件です。

みつろう　相互作用というのは、共有結合（＊2つの原子がいくつかの価電子を互いに共有し合うことによる結合）だからですか。

保江　共有結合でなくても、ぶつかることでもいいのです。元々、仮想の実験でしたから。

みつろう　最初は、思考実験だったんですね。

保江　アインシュタインも、ポドルスキーもローゼンも、現実に実験できるとは思っていませんでした。

例えば電子が2個ぶつかって、相互作用するとします。

その場合、独立して勝手にあちこちに飛ぶのではなく、お互いに関わって、例えばぶつかるとか反発するとか、何らかの相互作用がどこかで1回起こります。

みつろう　相互作用が及ぶ距離内にいる必要はありますね。

保江　そうです。

みつろう　では、わりと狭い範囲内にいないといけないですね。

保江　元々はそうですね。

実際に相互作用してから離れていったら、その後は自由電子として飛んでいきます。だから、物理学的にはもう二度と相互作用しないわけです。

みつろう　月と地球だったら、二度と会わないでしょうね。

保江　永遠に会わないはずですから、両者の間に相互作用は二度と起きないはずです。にもかかわらず、エンタングルメントが起きるということを思考実験上の計算で示せたわけです。

そして、アインシュタインと弟子がそれをボーアに叩きつけました。

みつろう　計算すると、何の理論でもこうなるぞと。

保江　「だからおかしいだろう」といったわけです。
アインシュタインの相対性理論に反しているわけですから。

みつろう　相対性理論は、光の速さより速く情報が伝わることはないというものですものね。
月までの38万キロを超えているのはおかしいと。

保江　それどころか、瞬時に伝わっているわけです。

みつろう　物理学でこんなことが許されるのかとアインシュタインが迫った。

保江　アインシュタイン、ローゼン、ポドルスキーが論文にして学会に叩きつけたのです。

みつろう　学会に叩きつけるというのは、すなわちボーアに対してということになるのですね。

保江　ボーアがトップでしたからね。

みつろう　当時、アインシュタインもすでに、けっこう偉かったのではないですか。

保江　そうでもないです。アインシュタインは弟子が少ないし、アメリカに逃げていましたから。

みつろう　では、コペンハーゲン一派は、物理学界において最強だったのですね。

保江　当時はそうですね。

みつろう　でもちょっと格下が、「パラドックス」だと叩きつけた。

保江　起死回生の9回裏逆転満塁ホームランのつもりで打ったのです、勝ち誇って。
これには、ボーアたちもちょっとまずいと思いました。

みつろう　ボーアが怯(ひる)んだのですね。

保江　確かに、瞬間に何らかの影響を与えるというのは、物理学としてはありえません。物理学の基本は因果律というか、順次伝わっていくものです。

みつろう　伝搬（でんぱん）していくのですね。

保江　そうです。これが物理の基本だったのに、なぜそんなことになるのか。

それで、量子力学の波動関数とか量子力学の方程式が、エンタングルメントという現象を起こすことを、ノンローカルといったわけです。ローカルではないと。

物理学でいうローカルとは、離れた所に影響が起きるのは、最速でも光の速度でしかないという理屈です。ローカルというのは局所という意味で、局所的にしか刺激とか情報は伝わっていかないということです。

一方で、このように瞬時に遠くまでも伝わっていくのがノンローカルです。宇宙のこっちの端と向こうの端が瞬時につながっているという。

ノンローカル理論というのは、物理学では長い間、ありえないとされてきました。それが大前提だったのです。

ところが、量子力学はよく見るとローカルではなくノンローカルの理論だと、アインシュタインは勝ち誇ったわけです。これは、量子力学についての致命的パラドックスだと。

みつろう　ボーアは、２回目の危機を迎えたのですね。猫に続いて。

覆る（くつがえる）パラドックス——ボームはすでにノンローカルを提唱していた

保江　猫のときは何とか逃げました。

みつろう　でも、ＥＰＲも突きつけられた。

保江　これは逃げられない、まずいと思ったのです。理論では確かにそうなるし、アインシュタインの相対性理論にも反しています。

シュレーディンガーの猫ならまだいい逃れができましたが、これは逃れられそうにありません。電子の数は２個のままだから、量子力学を使わざるをえないのですから。

みつろう　量子ですものね。

保江　後年、物理学者が本当に実験をしたわけです。

みつろう　ボーアが生きているうちにできたのですか。

保江　生きている頃の技術ではできませんでした。だからボーアは、忸怩たる思いで死んでいったわけです。一方のアインシュタインも、勝ったと思ったまま死にました。

その後、科学技術が進歩して……。

みつろう　加速器も生まれて……。

保江　実験ができるようになったのです。もちろん、月と地球の距離というのは無理ですから、実験室の中でできる範囲でやったわけです。

みつろう　できる距離でやって、倍数にすればいいだけですものね。

保江　そうです。1メートルぐらいでもできます。

みつろう　光速を超えさえすればいいんですね。

保江　はい。1メートルを光速で移動するにも0．000……何秒かかかりますが、とにかく光よりも速ければいいのです。当時、原子時計が発明されていて正確に計測できたので、それを使って実験しました。

まずは光を使って、光子（フォトン）2個を別々の方向に飛ばしてみました。次に、電子と電子を相互作用させて飛ばしました。

両方の実験は別々の人たちがやり、その結果、アインシュタイン、ローゼン、ポドルスキーが、「これはノンローカルの結果だから、光の速さを超えて片方の観測結果がもう片方の観測結果に影響を及ぼすというのは矛盾している。パラドックスだ」と主張したとおりになったのです。

みつろう　本当にそうなったんですね。

保江　本当にノンローカルで、光の速さを超えてこっち側の観測結果が向こう側の観測結果に影響したので、世界が愕然としたわけです。

みつろう　この世界初の実験は、何年頃の話ですか。

保江　確か１９８０年代で、僕がジュネーブにいた頃です。

みつろう　先生がジュネーブにいらした頃に、もうできていたんですね。ＬＨＣは、その頃にはありましたか。

保江　リニアコライダーはまだありませんでしたが、レーザー光線とか電子銃で発射して測定するだけですから、そんな大掛かりな実験は不要でした。

みつろう　もっと離れた位置でも実験をしたのですか。

保江　その後、どんどん離して実験しました。今や、それができるようになっているのですよ。

それによって、いくら離しても瞬時に影響することがわかりました。

みつろう　アインシュタインもボーアも、もういませんでしたけれどもね。

保江　でも、その後の我々世代の物理学者は、「なんだ、アインシュタインがパラドックスだといったことはパラドックスじゃないんだ。実際には彼の相対性理論、つまり全ての情報や伝搬は光の速度より速くは伝わらないというのは嘘で、瞬時に影響が起きるのだ」とわかったのです。

みつろう　物理学界にとっては衝撃ですね。

保江　ものすごい衝撃です。

最初は実験の誤差だとかいうことで、どんどん改良していったのですが、軒並みノンローカルだということを示す結果しか出てこなかったのですから。

つまり、アインシュタインがパラドックスだと思っていたものは、パラドックスではなかったわけです。

みつろう　現実世界で起こることだと。

保江　アインシュタインは、事実を指摘しただけだったのです。

量子の世界では、一度相互作用したものが、その後、地球と月ぐらい、あるいは宇宙の端にまで分かれても、瞬時に伝わる何らかのつながり、もつれが残っているわけです。

だからこれを、量子もつれ、クォンタムエンタングルメントと呼びます。

これについては、じつはアインシュタインがいい出す前に、ほぼ同じ時期にいっていた物理学者がいます。

「アインシュタイン、ポドルスキー、ローゼンがパラドックスだと主張したことは、実際はパラドックスではない。量子力学は元々ノンローカルなものなのだ」と。

みつろう　実験もしていないのにですか。

保江　実験もしていないのに理論でいった人がいた。それが昔の僕が手紙を書いた、ボームです。
エンタングルメントという言葉自体は、別の実験家か誰かが考えたのですが、ボームはエンタングルメントという言葉がない時代からノンローカルだと主張していました。

みつろう　こんなのはパラドックスじゃなくて、現実だよと。

保江　そうなのです。でも物理学者は、ローカルしかないといい張りました。でないと因果律なども、何もかもぐちゃぐちゃになってしまうといって否定し、無視しようとしました。

でも実験で出てしまった以上、認めざるを得ないわけです。

みつろう　実験は、ボームが生きているうちに行われましたか。

保江　ええ。

みつろう　それはよかったですね。

保江　だからボームは、エンタングルメントが見つかったときには神様扱いされました。

みつろう　ボームは、パイロットウェーブ理論も提唱していた人ですよね。

保江　パイロットウェーブ理論がなぜ無視されたかというと、ノンローカルだったからです。

みつろう　そうなんですね。ではここで実験が成功した後、パイロットウェーブ理論の芽も出てきたということですか。

保江　そうです。パイロットウェーブもノンローカルだし、シュレーディンガー方程式もじつはノンローカルなのですが、とにかくノンローカルというのは昔から物理学者にはタブーだったわけです。

それが、実験によってタブーどころか事実だとわかったのです。

そこで、「それを唯一主張していたボーム先生はすごい。ボーム先生はエンタングルメントを昔から指摘していた」と祭り上げられました。

みつろう　生きているうちにいい評価になってよかったですね。

ボームはコペンハーゲン一派ですか。

保江　違います。彼は孤高の人です。ロンドン大学でド・ブロイのパイロットウェーブの解釈をずっと研究し続けていました。だから僕も、手紙を出したりしたのです。

ボームにはハイレイという弟子がいて、彼はまだ健在です。ハイレイはときどき僕のところに手紙をくれたりします。

みつろう　お弟子さんは今でも、パイロットウェーブを研究されているのですか。

保江　もちろんそうです。研究する権利を得たわけですから。ノンローカルだとわかって、以前からそう主張していたのに差別されていた自分たちの勝利となったのです。

でもやはり、ノンローカルの理論は美しくないのですね。

そこで物理学者たちは、実験したら確かにそうなるし、方程式でもそうなるけれども、月の裏のことや宇宙の果てのことが地球にまで影響するというのは、もはや物理学じゃないといいました。

みつろう　実験も理論も証明しているのに、それを認めないんですか。

保江　認めたくないのですね。

みつろう　ここまできて、なんてひどい……。

保江　だから先ほどもいったように、認識するためには認識の母体となる記憶が必要になるのです。

みつろう　先にデータが脳内にない限り、人はそれを認識できないというわけですね。

保江　物理学者はノンローカルの答えなんて持っていませんから、認識すらできないのです。だからいまだに、「実際に実験してみたらそうなったかもしれないけれども、自分たちがやっているのはそんなことじゃない」といいます。

都合のいい結果だけ認識するのですね。今でもそうです。

みつろう　量子もつれを研究している物理学者も、大勢いるはずですよね。

保江　最近はだんだんと増えてきていますね。

みつろう　実験結果や理論的にも結果が出ているのに、それは物理じゃないというのっておかしな感覚でしかないですよね。

保江　でもやっぱり認めたくないのです。そこでどうなったかというと、「量子力学というものを使うからダメなんだ」といい出したのです。

みつろう　量子力学者がですか。

保江　そうです。量子力学を使うからそんなバカバカしいことになるのだから、代わりのものを使うべきだと。

前述したように、今の量子物理学者は場の量子論を使います。場の量子論は端からエンタングルメントなんてものが起きる状態を考察に入れません。

みつろう　実験結果は出ているけれども、考察に入れないのですか。

保江　その実験結果も、場の量子論で説明するのです。量子力学で説明しようとするとノンローカルにしかなりませんから。

場の量子論とは、そもそもローカルもノンローカルもないのです。場だからいいじゃないか、と問題から逃げるわけです。しかも、問題がありそうなことにはまずタッチしません。問題が絶対に起きないような、こういう初期条件でこういう反応が起きてこういう結果になるということだけを、場の量子論で記述するのです。

そうすれば、病的なシチュエーション、病的な実験を考えなくてすむと彼らはいいます。

「病的なことを考えていたら物理学は進まない」といって、逃げるというか無視しています。集団無視というのが実態です。

保江博士は異端児？　健全な物理学界とは

みつろう　先生はそれについて、どう思われますか。

保江　僕は、今の物理学界は健全な姿勢だと思います。

アインシュタイン、ポドルスキー、ローゼンとかノンローカルとか観測問題とか、これらを物理学界の主流の物理学者たちが喧々諤々と議論するのは、健全ではないのです。

1パーセントにも満たない変人物理学者が、どこかの地方の大学の研究室で、コツコツと研究していく程度の問題だと僕は思います。

若くてこれからという物理学者が、エンタングルメントとか観測問題とか、そんなことを熱心にやっても建設的ではないし、それを熱心にやるような物理学界は病的だと思います。

僕は物理学界では異端者で鼻つまみ者で、変わった人生を送ってきて、いろんな非常識なことを考えてきたけれど、そんな人間は物理学界では例外です。

でも、みんながこういう問題に目を向けてしゃかりきになるというのは行き過ぎだと思うのです。

やはり健全な物理学というのは、カッチリした、エンタングルメントも起きない程度のことを考えるべきです。

そして、いろんなことをすっきりと計算して説明して、そういう中からノーベル賞が出るのがいいと思います。

そこから外れたごく一部の変わり者、変人物理学者だけが、「いや、まだわからないぞ。こんなこともあるかも……」と考えていく……、それが健全な状況だと僕は信じます。

ところが、ちょっとした知識として物理学というものを知りたいという一般の人たちは、なんとなく面白そうな所にスポットライトを当てるでしょう。そうすると、エンタングルメントとか観測問題とか、そういうキワモノ的なところを突っつくことになります。

そのとき、9割の物理学者は何もいいません。考えたこともないくらいですから。

そして、他の1割にも満たない変人物理学者も、自分たちが長年考えてきたことにそう簡単に口出しするなと思うわけです。

みつろう　本当に、そのとおりだと思います。

だからこそ僕は保江先生に会ったときに、こんな『Newton』ぐらいでしか物理を学んでいない僕のような人間が話しても、何の否定もなさらないからすごいなと思ったんです。

もし僕が物理学者で、プライドを持ってずっと研究していたら、そのへんの人の話なんか聞かないだろうと思いましたから。

ともかく、エンタングルメントは、実験結果としてもご自身たちで作り上げた数式においても、瞬時に出るとわかっている。でも場の量子論というものを使えば、場は一つだからと無視できるわけですね。

保江　だから、本当にせめぎ合いです。

僕も素領域理論をずっとやってきて、ノンローカルは本当だと知っています。でも本当だといってしまうと、神様の仕業といわざるを得なくなります。そもそも、最小作用の法則がノンローカルなわけです。

みつろう　神の御心により一番よい結果になるのですものね。

保江　そうです。だから本当に神様が、あるいはネルソンが覚えていてくれた僕の論文の最後にある仏陀が大昔に気づいたように、大自然が全てをコントロールしてくれているというしかないのです。これが、一番正直なところです。

そうしてしまえばもう何が起きてもいいわけですが、なかなか物理学者の中でそう思える人はいないから、近似的にはローカルだよといっておくのですね。

本当はノンローカルかもしれないけれども、場の量子論という近似的な技法を使えばローカルですむといって逃げているのです。

その気持ちもわかりますし、実際、大多数の物理学者はこんなことにはタッチせずに、しかるべきテーマで物理学を進歩させ、ほんの一部の人だけが常識外なことをやっていれば、社会全体から物理学者という集団が許されるのだろうと思います。

物理学者全員がこんな非現実的なことばっかり考えていたら、社会から見放されて、誰も給料をもらえないだろう、というのが正直な思いです。

それを、『Newton』とか一般の啓蒙書を通して皆さんに知って欲しいと思う気持ちもありますが、だからといって、ちょっと文章とか絵を書いただけで理解してもらえるほど簡単ではないのです。

みつろう　本当に、そのとおりだと思います。

保江　みつろうさんのように興味を持ってくださる人に、ここまでとことんいろいろ説明して、それを聞いてくださった上で、やはり多世界解釈のほうが面白そうだなとか、エンタングルメントについてもっと知りたいなとか思っていただけるのはいいことだと思います。

みつろう　ちなみに、周藤丞治（すとうじょうじ）先生とお会いしたときに、

「今の物理学界というのは数学のオリンピックのようになっていて、数学自慢大会になってい

ます。誰一人として『宇宙とは？』とか、『この世界の原理とは？』といわないんですよ。むしろ、そういう言葉を使った瞬間に学界から引き降ろされます。

ただ、僕としてはやはりそういう部分が知りたいんです。根本原理というか、宇宙がどうしてこうなのかとか、四つの力を統一すると、とか、そういうことが知りたいから僕は物理を選んだのに」

とおっしゃっていました。

その周藤先生が書かれた新しい論文を、保江先生もお読みになったのですよね。

保江　ええ。例えば、湯川先生の素領域理論では、白い一者があって、白い一者でない所がポンポンできて泡になっている……、それが素領域です。

したがって、この素領域は一者の中に存在していて、一者がぷにゅぷにゅと動けば素領域も、集まったり遠ざかったりします。

だからこの白い一者が素領域の分布をいくらでも変えられる、というのが湯川先生の素領域理論です。

一者の次元は無限次元で、その中に3次元の泡がポコポコできています。

もちろん、1次元の紐も2次元のメンブレン（膜）も3次元の泡もあり、4次元のよくわからないものもあり、5次元のものもあります。

その中で、できる数が一番多いのは3次元の泡です。

だから湯川先生と僕は、3次元の泡から泡にエネルギーが飛び移るのが我々を形作っている、原子を形作る素粒子だといっているわけです。つまり、共存しているのです。

バックの白い一者は無限次元の存在で、その中に1次元の存在も2次元の存在も3次元の存在も4次元の存在もあるのです。

みつろう　無限ですから、全部があるんですね。

保江　けれども、1番数が多いのは3次元の泡です。

我々は、3次元の泡から泡に飛び移るエネルギーである量子、電子、クォークなどでできているから、我々の世界認識は3次元の拡がりです。

これに対して丞治君の今回の理論では、この一者と、その中にできる素粒子に直接関わる部分が、1次元、2次元、3次元、4次元とたくさんあり、この組み合わせの中で無限次元の一者と1次元の紐、2次元のメンブレン、3次元の泡、4次元の何かが互いに安定して存在しうる組み合わせは、1次元だけだということを見つけてしまったのです。

僕の理論は、無限次元の一者から自発的対称性の破れという南部陽一郎先生の理論によって、1次元もできれば2次元もできれば、3次元も4次元もできる、けれども一番数が多いのは3次元で、それも自発的対称性の破れ理論を使うと、一度対称性が破れてできた泡は、元の対称性を復活するためにまた元に戻る、つまりなくなっていく、だからいつかこの泡の世界はなくなるという考えです。

丞治君は、2次元のメンブレン、3次元の泡の世界、4次元の何かはなくなるけれども、1次元の紐だけはなくならないということを見つけたのです。

ということは、この我々の宇宙の終わりのときには、3次元の空間はすでに残っていません。1次元の紐だけでエネルギーが移動しているから、我々はそれを1次元の世界だと認識します。

それが宇宙の終わりです。

そして、1次元の世界は消えることはなく、0次元の点にもなりません。1次元の世界は無限次元の一者と共存できるのだ、ということを示してしまったのです。

だから当然、彼の論文には、この宇宙の終焉は1次元になると書かれていますし、数式は見事なものです。

でも論文を出した途端、物理学界ではちくりちくりと、「なぜ、こんな宇宙の終わりのことまで議論するのか。そんなことよりも、この式の変形をもっと高度な数学で探求しろ」ということになるのです。

僕は、1次元も2次元も3次元も4次元もそのうち全部消えてしまって、一者のみになると思っていました。無に帰するのです。

全部が消えて最後は一者のみ、神という完全調和のみになると思っていたのに、1次元のストリングだけは残ると聞いて、これは想定外だなと思いました。僕だけでなく、大多数の人も思っていなかったことです。

今、宇宙の終わりはシュリンクしてビッグリップ（＊ダークエネルギーの密度が自然の物理法則を越えることで、宇宙が破裂する現象）かビッグクランチ（＊宇宙の膨張が収縮に反転して、無次元の特異点まで縮む現象）か、どちらかといわれているでしょう。

そんな子供だましみたいな予想しかないこのときに、丞治君は宇宙の終わりは紐のみで存在する世界だといい切ったわけです。これは、すごい衝撃です。

しかも、それを安定性だけから導いたのです。無限次元の一者と安定的に共存できるのは、1次元の紐だけだということを。

みつろう　１次元の紐だけは残り続ける……。

保江　それを、周藤丞治君は見つけたのです。論文を読んで、僕も感心しました。

全ては最小作用の法則（神の御心）のままに

みつろう　ここまで、量子力学などについて事細かにわかりやすく説明いただきましたね。

本当にありがとうございます。

最後に、物理学者の立場から僕たちにいただけるアドバイスなどありますか。

保江　通常、人は社会的立場があるとか、非常識になるとマズいとか思いわずらい、スリット、つまり可能性を全部閉じていることが多い。それでは本当に、面白くもなんともないわけです。

スリットを解放して、無限の可能性を広げることを強くお勧めしたい。

とにかく可能性を残していれば、干渉縞がたくさんできて、いろいろと面白い展開があるでしょう。

スリットを閉じたままでは、ワクワクもしないし人生が面白くない。

僕は今、スリットを開けてあらゆる選択肢の可能性を残しているから、いつもワクワクドキドキして生きることができています。

みつろう　こんなことはできないなどと、スリットを閉じてはいけないのですね。

保江　たまたま、京都で講演会をした後に、

「僕と飲みに行きたい人は一緒にどうぞ」と誘ったことがありました。

そうしたら15人くらい残ってくれて、せっかくだから名前も知りたいし、どういうお立場でどういうことに興味があるかも知りたいからと、3分くらいでざっと自己紹介をしてもらいました。

女性が7割、男性が3割くらいで、男性は年配の人が多かったのですが、その中に一人、20代後半くらいの若者がいました。ゲームメーカーでガンダムのネットゲームを作っていたということで、かなりのお金を貯めていたようです。

それで、何か違うことをしたいと思って、ネットを見たりしていたら、僕のことを見つけて興味を持ってくれたというのです。

それで初めて、京都での講演に来てみたら、面白かったと。

そのとき、僕は大阪の秘書を連れていました。講演の中でも飲みの席でも、僕は、「もうちょっとスカートを短くしたら」とか平気でいうのですが、秘書には毎度、ピシャッといい返されます。そのやり取りを聞いていた彼は、

「ネットで注目していた保江さんと、今日初めてリアルに接して、話がうまいとか面白いとかもちろんありますが、何に感動したかって、秘書さんとの距離感が絶妙ですね」といってくれたのです。

「僕は何で保江さんという人に興味を持ったのかとずっと考えていたけれど、この絶妙感を学びたかったのです。僕は、京都に引っ越そうと思います」とも。

京都が気に入ったそうで、本当に京都の亀岡に引っ越しました。僕もたまに会うことがありますし、いろいろと、面白い展開になっているようなのですね。

彼は、同じパターンで常識的な生活をしていくよりも、スリットを開けて、可能性を広げたといえます。

みつろう　なるほど、二重スリット実験からは、人生をワクワクで生きられる方法が導き出された

のですね。とても勉強になりました。

こんなにも素晴らしいお話がたくさん聞けて、本当に感謝しています。

僕もスリットをめいっぱい開けて、可能性まみれの人生を送りたいです。

保江　こちらこそ、これまで学んできたことをかなり整理することができ、とてもスッキリした気持ちです。

本当にありがとうございました。

Flammarionによる真理発見の図

おわりに

いやー、本当に濃い時間が流れた4日間でした。

さとうみつろうさんとの対談収録が沖縄で企画されたとき、まず僕の頭に浮かんだのは対談自体は午後の3時間程度を2日間やれば充分だろうから、残りの2日はビーチか米軍基地周辺に繰り出して目の保養としゃれ込むといういつもながらのゆるーい旅の風景。

そんなわけだから、羽田空港から乗り込んだ那覇空港行きの飛行機の中では、無論バカンス旅行モードの気分を高めようと機内エンターテインメントの液晶画面の言語をフランス語にして外国のコンテンツを探します。

すると、どうでしょう。まさにおあつらえ向きの動画が見つかりました。

どうやらそれは科学啓蒙番組のようで、近未来的な衣装の司会者がＵＦＯのような宇宙船に乗り込んで、ミクロの宇宙を探検するというものでした。

僕がその動画に飛びついたのは、電子1個の大きさにまで縮小されたその宇宙船が2本の並列したトンネルを通過するときに異常な飛び方をするという解説があったからです。

本文で詳しく触れましたが、これは今回さとうみつろうさんが話題にしたいと前もって伝えてくれていた、量子力学における電子の2重スリット実験そのもの。

ということは、那覇空港までの飛行中にこのSFチックな番組を観ていくことで対談ネタになるに違いない！　転んでもタダでは起きない僕・保江邦夫のまさに真骨頂!!


こうして新鮮極まりないネタを仕入れることで、ますます調子に乗ってお遊び気分最高潮となった僕を乗せた機体が那覇空港の滑走路に滑り込んだとき、窓の外を見やった僕は思わず唸ってしまいます。そう、外はかなりの雨！　おまけにタラップを降りたときの体感気温はまさかの摂氏10度以下!!　冬でも暖かいはずの沖縄はどこに行ってしまったのか!?


一瞬でバカンス気分から蹴落とされた僕は、明窓出版の社長さんが予約してくれていたアウディーのレンタカーを運転し、これからの4日間を過ごすことになる郊外のホテルへと向かいました。

ロビーでみつろうさんと再会し挨拶を交わす中で、僕は完全に神に見放されたことを悟ります。

いや、『神さまとのおしゃべり』などというベストセラーを出したみつろうさんにとって、神様にちょこっとお願いすることくらい朝飯前だったに違いありません。

この4日間の沖縄滞在時間をフルに使って量子力学の基礎について僕から徹底的に聞き出すべ

く、僕をホテルに釘付けにするために4日とも一日中冷たい雨が降るようにしてしまったのですから!!

こうして神様プラスさとうみつろうという最強タッグの前にひれ伏してしまった僕は、沖縄滞在4日間を連日、垂れ込めた雨雲とみつろうさんの手厳しくも核心に迫る質問攻めに圧倒される形でホテルに缶詰となってしまいます。

開き直った僕は、大相撲の横綱が格下力士に稽古をつけるかのように、ドスコイと大きく構えます。物理学、特に量子力学や場の量子論を大学で学んだ上で大学院から理論研究を続けてきた僕の前では、ド素人のさとうみつろうなど片腹痛し!

そんな余裕の気分でみつろうさんの突きを真っ正面で受けた僕は、ヘナチョコ素人などすぐに土俵にねじり伏せて砂まみれにするつもり。

だが、but、しかし! 大汗を吹き出しながら必死で踏ん張る僕は、ジリジリと土俵際まで追い詰められてしまう。これは、ヤバイ!!

いったんは冷や汗ものの結末が見えたかに思えたのでしたが、いくら勉強家が熱心に学んだ量子力学といっても、そこはやはり『Newton』誌や『ブルーバックス』シリーズの科学啓蒙新書に頼った素人のこと、ワキの甘さに気づいた僕はようやく落ち着きを取り戻し、後はいつものように『Newton』誌などに記されたカラーイラストを多用する学界多数派や大声派の解説を一方的に信じてしまった量子力学マニアの攻撃をあしらいながら、みつろうさんの目の前にあって閉ざされたままになっていた真実の扉を次々に開いていったのです。

そこは神様ともおしゃべりするさとうみつろうのこと、量子物理学の専門家としての僕の説明に耳を傾けながら、まさに一を聞いて十を知る、いや百、千、万を知るかの如く、すべてを正しく理解してくれました。

それだけではありません。逆にこの僕が、まったくの素人のはずのみつろうさんから斬新な視点で捉えた量子力学の未解決問題についての解明糸口までをも教えてもらえたのです。

さらには、さらには、なのです。量子力学の話題を中心として物理学の基礎に関わるテーマを選んでホットな「量子とのおしゃべり」を展開していたはずだったにもかかわらず、最終4日目には何故か我々人間が歩むべき人生の本来の姿にまで言及し始め、ついにはまさに、神の祝福を授かったかのように清らかな明かりに照らされたエンディングを迎えます。

そこでは、僕もみつろうさんも涙目を互いに悟られないよう、急にキョロキョロと周囲を見回す始末。

イヤー、本当にしばらくぶりの感動に包まれた体験をすることができたのも、すべてはさとうみつろうという希有な人物が持つ天賦の才のおかげです。

ありがとう、みつろうさん！

この場をお借りして心よりの感謝を伝えたいと思います。

そして、神様の茶飲み友だちを自負するさとうみつろうと、神様に最も愛される男・保江邦夫との世紀の対決ならぬ世にも不思議な量子対談を企画してくださった明窓出版の社長・麻生真澄様にも、みつろうさんと僕からの密度の濃い愛と感謝の気持ちをお送りします。

２０２４年３月吉日白金の寓居にて

保江邦夫

保江邦夫（Kunio Yasue）

岡山県生まれ。理学博士。専門は理論物理学・量子力学・脳科学。ノートルダム清心女子大学名誉教授。湯川秀樹博士による素領域理論の継承者であり、量子脳理論の治部・保江アプローチ（英:Quantum Brain Dynamics）の開拓者。少林寺拳法武道専門学校元講師。冠光寺眞法・冠光寺流柔術創師・主宰。大東流合気武術宗範佐川幸義先生直門。特徴的な文体を持ち、100冊以上の著書を上梓。

著書に『祈りが護る國　日の本の防人がアラヒトガミを助く』『祈りが護る國　アラヒトガミの願いはひとつ』、『祈りが護る國　アラヒトガミの霊力をふたたび』、『人生がまるっと上手くいく英雄の法則』、『浅川嘉富・保江邦夫 令和弐年天命会談 金龍様最後の御神託と宇宙艦隊司令官アシュターの緊急指令』（浅川嘉富氏との共著）、『薬もサプリも、もう要らない！ 最強免疫力の愛情ホルモン「オキシトシン」は自分で増やせる!!』（高橋 徳氏との共著）、『胎内記憶と量子脳理論でわかった！「光のベール」をまとった天才児をつくる たった一つの美習慣』（池川 明氏との共著）、『完訳 カタカムナ』（天野成美著・保江邦夫監修）、『マジカルヒプノティスト スプーンはなぜ曲がるのか？ 』（Birdie氏との共著）、『宇宙を味方につける こころの神秘と量子のちから』（はせくらみゆき氏との共著）、『ここまでわかった催眠の世界』（萩原優氏との共著）、『神さまにゾッコン愛される　夢中人の教え』（山崎拓巳氏との共著）、『歓びの今を生きる 医学、物理学、霊学から観た 魂の来しかた行くすえ』（矢作直樹氏、はせくらみゆき氏との共著）、『人間と「空間」をつなぐ透明ないのち　人生を自在にあやつれる唯心論物理学入門』、『こんなにもあった！　医師が本音で探したがん治療　末期がんから生還した物理学者に聞くサバイバルの秘訣』（小林正学氏との共著）『令和のエイリアン　公共電波に載せられないUFO・宇宙人ディスクロージャー』（高野誠鮮氏との共著）、『業捨は空海の癒やし　法力による奇跡の治癒』（神原徹成氏との共著）、『極上の人生を生き抜くには』（矢追純一氏との共著）、『愛と歓喜の数式　「量子モナド理論」は完全調和への道』（はせくらみゆき氏との共著）、『シリウス宇宙連合アシュター司令官vs.保江邦夫緊急指令対談』（江國まゆ氏との共著）、『時空を操るマジシャンたち　超能力と魔術の世界はひとつなのか 理論物理学者保江邦夫博士の検証』（響仁氏、Birdie氏との共著）、『愛が寄り添う宇宙の統合理論 これからの人生が輝く！　9つの囚われからの解放』（川崎愛氏との共著）（すべて明窓出版）など、多数がある。

さとうみつろう（Mitsurou Satou）

北海道の大学を卒業後、エネルギー企業へ就職。

社会を変えるためには「1人1人の意識の変革」が必要だと痛感し独立。

本の執筆や楽曲の発表を本格化し、初の著書『神さまとのおしゃべり―あなたの常識は、誰かの非常識―』（ワニブックス）がシリーズ累計40万部のメガヒットを記録。

家に戻ると3児のパパに早変わりする。

----主な著書----

『Noサラリーマン、Noジャパン―あなたの存在を光らせる仕事のやり方―』（サンマーク出版）
『金持ち指令』（主婦と生活社）
『毎日が幸せだったら、毎日は幸せと言えるだろうか?』（ワニブックス）

あなたの量子力学、間違っていませんか!?

世（特にスピリチュアル業界）に出回っている量子力学は
ウソだらけ!?

世界に認められる『保江方程式』を発見した、
理論物理学者・保江邦夫博士と

「笑いと勇気」を振りまく
マルチクリエーター・
さとうみつろう氏

両氏がとことん語る
本当の量子論

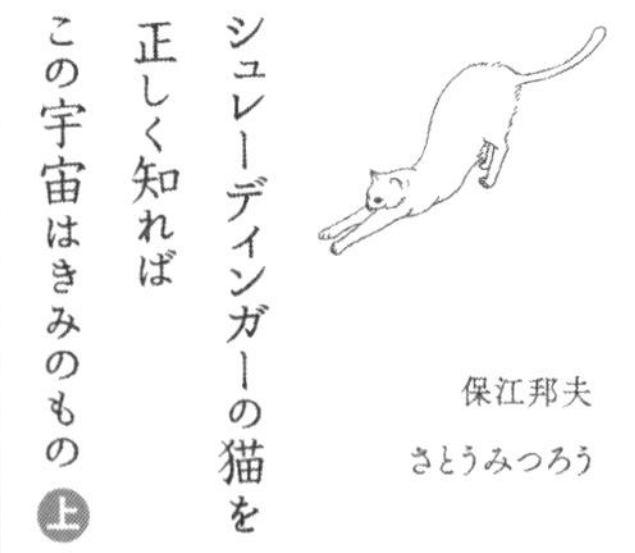

シュレーディンガーの猫を正しく知れば
この宇宙はきみのもの　上
保江邦夫　さとうみつろう　共著
本体 2200 円＋税

抜粋コンテンツ

パート１　医学界でも生物学界でも未解決の「統合問題」とは
パート２　この宇宙には泡しかない——神の存在まで証明できる素領域理論
パート３　量子という名はここから生まれた！
パート４　量子力学の誕生
パート５　二重スリット実験の縞模様が意味するもの

シュレーディンガーの猫を正しく知れば

この宇宙はきみのもの　下

保江邦夫・さとうみつろう

明窓出版

令和六年 四月十日　初刷発行
令和六年 四月十五日　二刷発行

発行者——麻生 真澄
発行所——明窓出版株式会社

〒一六四—〇〇一二
東京都中野区本町六—二七—一三

印刷所——中央精版印刷株式会社

ISBN978-4-89634-469-1

奇術VS理論物理学！

スプーン曲げはトリックなのか、
それとも超能力なのか——

本体価格　1.800 円＋税

稀代の催眠奇術師・Birdie 氏の能力を、**理論物理学博士の保江邦夫氏**がアカデミックに解明する！
Birdie 氏が繰り広げる数々のマジックショーは手品という枠には収まらない。もはや異次元レベルである。
それは術者の特殊能力なのか？　物理の根本原理である「人間原理」をテーマに、神様に溺愛される物理学者こと保江邦夫氏が「常識で測れないマジック」の正体に迫る。

かつて TV 番組で一世風靡したユリ・ゲラーのスプーン曲げ。その超能力ブームが今、再燃しようとしている。
Birdie 氏は、本質的には誰にでもスプーン曲げが可能と考えており、保江氏も、物理の根本原理の作用として解明できると説く。
一般読者にも、新しい能力を目覚めさせるツールとなる 1 冊。

夢中人になれば、すべては思いどおり

我を忘れて本当の喜びを堪能し、成長する人が神さまは大好き
そんな2人が出会い、古今東西さまざまなトピックスを語り合う

★幸せな流れを呼び込む伯家神道のご神事とは？
★新型コロナウイルス騒動の裏で起こっていることとは？
★イザナギ、イザナミに守られている証とは？

神さまにゾッコン愛される
夢中人の教え
山崎拓巳　保江邦夫

夢中人になれば、すべては思いどおり
我を忘れて本当の喜びを堪能し、成長する人が神さまは大好き
そんな2人が出会い、古今東西さまざまなトピックスを語り合う
★幸せな流れを呼び込む伯家神道のご神事とは？
★新型コロナウイルス騒動の裏で起こっていることとは？
★イザナギ、イザナミに守られている証とは？
無限大∞のサポートをいただく2人が、貴方をワンダーランドにいざないます
明窓出版

神さまにゾッコン愛される
夢中人の教え　保江邦夫・山崎拓巳
本体価格2,000円

無限大のサポートをいただく2人が、
貴方をワンダーランドにいざないます

本書の主なコンテンツ（抜粋）

◉河童大明神のサポートで苦境を乗り越える
◉神にすがらなくてもいい日本では、異端者の僕たち
◉陰陽道の流れを汲む第三の目を開く秘儀とは？
◉気の巨人、野口晴哉の秘められた最期
◉植民地になる寸前の日本を助けた根の国の神々
◉土の時代から風の時代へ――世界の変化とは？
◉龍からのコンタクトを受ける
◉ミッション「皇居の周りの北斗七星の結界を破れ」
◉宇宙神社での巫女になるご神事
◉現代の戦術としても使える禹歩（うほ）
◉平安時代の作法や文化は人の健やかな生活を守るもの
◉アカシックレコードにはすべての真実が記憶されている
◉人は脳に騙され、宇宙にも騙されている
◉宇宙人由来の健康機器とは!?
◉天皇の祈りは、夢殿で夢中になり物事を決めること
◉ウイルスから体を守れる催眠療法

物理学者も唸る宇宙の超科学

最先端情報を求めリスクを恐れず活動を続ける両著者が明かす、

異星人
地球環境
日蓮聖人
農業
医療
宇宙テクノロジー
知られざるダークイシュー

etc.……

主なコンテンツ

- 宇宙存在の監視から、エマンシペーション（解放）された人たち
- 「このままで行くと、2032年で地球は滅亡する」
- 人間の魂が入っていない闇の住人
- 歴史や時間の動き方はすべて、数の法則を持っている
- フリーエネルギーを生むEMAモーター
- 体内も透視する人間MRIの能力
- 瞬間移動をするネパールの少年
- 地球は宇宙の刑務所?!
- ロズウェルからついてきたものの心には、水爆や原爆以上の力がある
- 「ウラニデス」——円盤に搭乗している人
- 人体には、フラクタル変換の機能がある
- 宇宙存在は核兵器を常に監視している

令和のエイリアン
公共電波に載せられない
UFO・宇宙人ディスクロージャー
保江邦夫　高野誠鮮

∞ 物理学者も唸る宇宙の超科学 ∞
最先端情報を求めリスクを恐れず活動を続ける両著者が明かす、
異星人 地球環境 日蓮聖人 農業 医療 宇宙テクノロジー
知られざるダークイシュー
etc.……

明窓出版

令和のエイリアン
公共電波に載せられない
UFO・宇宙人のディスクロージャー

保江邦夫
高野誠鮮

本体価格
2,000円＋税

空海の法力を現代に顕現した「業捨」の本質を明らかに!!

生きていく中で悪業の汚れが付いてしまった身体に業捨を施せば、
空海と一体となって、身体ばかりではなく心も清くなる
創始者からの唯一の継承者と稀代の物理学者との対話が、
病からの解放に導く

第一章
業捨との出会いで人生が変わった

第二章
体が喜び、すべてが整う
業捨が本物だと確信したこととは？

第三章
業捨はどういう生命現象作用なのか？

第四章
「『業捨』は技ではなく法力である」

業捨は空海の癒し
法力による奇跡の治癒
保江邦夫　神原徹成
空海の法力を現代に顕現した
「業捨」の本質を明らかに!!
生きていく中で悪業の汚れが付いてしまった
身体に業捨を施せば、空海と一体となって、
身体ばかりではなく心も清くなる
創始者からの唯一の継承者と稀代の
物理学者との対話が、病からの解放に導く
明窓出版

業捨は空海の癒し
法力による奇跡の治
保江邦夫　神原徹成　共
本体価格：1,800円＋税